設計模式秒懂

Design Pattern

public static EnemyPlane getInstance(int x) {

private DualPin

EnemyPlane clone = prototype

Adapter implements TriplePin

public class Adapter implements TriplePin

前言

相信軟體開發工作者都聽過一句名言：「不要重複造輪子」。從某種意義上講，程式中如果出現大量重複的程式碼，則意味著這是一個缺乏設計的軟體。物件導向程式語言的初學者寫程式碼時，往往有想到哪裡寫到哪裡的毛病，缺乏軟體架構的大局觀，最終造成系統中充斥大量的冗餘程式碼，缺乏模組化的設計，更談不上程式碼的重用。程式碼量大並不能代表系統功能多麼完備，更不能代表程式設計師多麼努力與優秀，反之，作為有思想高度的開發者一定要培養「偷懶」意識，竭盡心力以最少的程式碼量實現最強的功能，這樣才是優秀的設計。

設計模式主要研究的是「變」與「不變」，以及如何將它們分離、解耦、組裝，將其中「不變」的部分沉澱下來，避免「重複造輪子」，而對於「變」的部分則可以用抽象化、多型化等方式，增強軟體的相容性、可擴充性。如果將編寫程式碼比喻成建築施工，那麼設計模式就像是建築設計。這就像樂高積木的設計理念一樣，圓形點陣式的介面具有極強的相容性，能夠讓任意元件自由拼裝、組合，形成一個全新的物件。

有一定專案經驗的開發人員都會有這樣的體會，隨著需求的增加與變動，軟體版本不斷升級，維護也變得越來越難，修改或增加一個很簡單的功能往往要耗費大量的時間與精力，牽一髮而動全身，嚴重時甚至會造成整個系統的崩潰。優秀的系統不單單在於其功能有多麼強大，更應該將各個模組劃分清楚，並且擁有一套完備的框架，像開放式平台一樣相容對各種外掛程式的擴展，讓功能變動或新增變得異常簡單，一勞永逸，這離不開對各種設計模式的合理運用。

設計模式並不局限於某種特定的程式語言，它是從更加宏觀的思想高度上展開的一種大局觀，是一套基於前人經驗總結出的軟體設計指導原則，所以很多初學者覺得設計模式晦澀難懂，無從下手。本書秉承簡約與現實的風格，幫助讀者將各種概念與理論化繁為簡，以通俗易懂、更貼近生活的實例與原始碼詳細解析每種模式的結構與機理。此外，文中配有大量生動具體的漫畫與圖表，幽默輕鬆的風格使原本刻板的知識鮮活起來，讓讀者能夠輕鬆愉快地學習與理解設計模式。

內容導讀

本書共有 25 章，包含從物件導向基礎概念及特性到建立型、結構型、行為型設計模式的具體分析講解，再到軟體設計原則的歸納總結，由淺入深、由表及裡。

物件導向	第 1 章，介紹了物件導向的概念及其三大特性，包括封裝、繼承、多型
建立型設計模式	第 2 ～ 6 章，包括單例模式、原型模式、工廠方法模式、抽象工廠模式、建造者模式
結構型設計模式	第 7 ～ 13 章，包括門面模式、組合模式、裝飾器模式、轉接器模式、享元模式、代理模式、橋接模式
行為型設計模式	第 14 ～ 24 章，包括樣板方法模式、迭代器模式、責任鏈模式、策略模式、狀態模式、備忘錄模式、中介模式、指令模式、訪問者模式、觀察者模式、解譯器模式
設計原則	第 25 章，歸納總結軟體設計中的六大原則，包括單一職責原則、開閉原則、里氏替換原則、介面隔離原則、依賴倒置原則和得墨忒耳定律

本書作者

劉韜，筆名凸凹。曾就讀於西安電子科技大學和澳洲查理斯杜大學，先後在軟通動力、中軟國際、滙豐軟體、艾默生科技資源等國內外知名企業承擔軟體設計及開發工作，至今已有 15 餘年工作經驗，主要研究方向為軟體設計、資料庫設計、Web 應用程式設計、UI 設計等，精通的技術主要包括 Java、C#、Spring 框架、Micro Service 架構及元件、Linux、Oracle、MySQL、JavaScript、jQuery、Angular 等。

由於書中涉及知識點較多，難免有疏漏之處，歡迎廣大讀者批評、指正，並多提寶貴意見。作者的回饋信箱為 liewtao@vip.qq.com。

目錄

行為篇

在這個電腦發展日新月異的時代，軟體產品不斷推陳出新、讓人應接不暇，軟體需求更是變幻莫測，難以捉摸。作為技術人員，我們在軟體開發過程中常常會遇到程式碼重複的問題，只好對系統進行大量改動，這不但帶來很多額外工作，而且會給產品帶來不必要的風險。因此，良好、穩固的軟體架構就顯得至關重要。設計模式正是為了解決這些問題，它針對各種場景提供了適合的程式碼模組的重用及擴展解決方案。

設計模式最早於 1994 年由 Gang Of Four（四人幫）提出，並以物件導向語言 C++ 作為範例，如今已大量應用於 Java、C# 等物件導向語言所開發的程式中。其實設計模式和程式語言並不是密切相關的，因為程式語言只是人與電腦溝通的媒介，它們可以用自己的方式去實現某種設計模式。從某種意義上講，設計模式並不是指某種具體的技術，而更像是一種思想，一種格局。本書將以時下流行的物件導向程式語言 Java 為例，對 23 種設計模式逐一拆解、分析。

在學習設計模式之前，得先搞清楚到底什麼是物件導向。我們生活的現實世界裡充滿了各種物件，如大自然中的山川河流、花鳥魚蟲，現代文明中的高樓大廈、車水馬龍，我們每天都要面對它們，與它們溝通、互動，這是對物件導向最簡單的理解。為了將現實世界重現於電腦世界中，我們想了各種方法針對這些物件建立數位模型，但是理想很「豐滿」，而現實很「骨感」，我們永遠無法包羅萬象。人們在「造物」的過程中發現，各種模型並非孤立存在的，它們之間有著千絲萬縷的關聯，於是便出現了物件導向所特有的程式方法。我們利用封裝、繼承、多型的方式去建模，從而大量減少重複程式碼、降低模組間耦合，像拼積木一樣組裝了整個「世界」。這裡提到的「封裝」「繼承」和「多型」便是物件導向的三大特性，它們是掌握設計模式不可或缺的先決條件與理論基礎，我們必須要對其進行全面透徹的理解。

1.1　封裝

想要理解封裝，可以先觀察一下現實世界中的事物，比如膠囊對於各類混合藥物的封裝；錢包對於現金、身份證及銀行卡的封裝；電腦機殼對於主機板、CPU 及記憶體等配件的封裝等。

由此可見，封裝在我們生活中隨處可見。我們舉一個現實生活中常見的例子。如圖 1-1 所示，注意餐盤中的可樂杯，其中的飲料是被裝在杯子裡面的，杯子的最上面封上蓋子，只留有一個孔用於插吸管，這其實就是封裝。

封裝隱藏了杯子內部的飲料，也許還會有冰塊，而對於杯子外部來說只留有一個「介面」用於存取。這樣的做法是否多此一舉？又會帶來什麼好處呢？

首先是方便、快捷，只有這樣我們才能拿著飲料杯四處行走，隨吸隨飲，而不至於把飲料灑得到處都是，因為零散的資料缺乏集中管理，難以引用、讀取。其次是封裝後的可樂更加乾淨、衛生，可以防止外

圖 1-1　飲料的封裝

部的灰塵落入，杯子裡面以關鍵字「private」宣告的可樂會成為內部的私有化物件，因此能防止外部隨意存取，避免造成資料汙染。最後，對外暴露的吸管介面帶來了極大便利，顧客在喝可樂時根本不需要關心杯子的內部物件和工作機制，如杯子中的冰塊如何讓可樂降溫、杯體內部的氣壓如何變化、氣壓差又是如何導致可樂流出等實現細節對顧客完全是不可見的，留給顧客的操作其實非常簡單，只需呼叫「吸」這個公有方法就可以喝到冰涼的可樂了。

我們再來分析一下對電腦主機的封裝，它必然需要一個機殼把各種配件封裝進去，如主機板、CPU、記憶體、顯示卡、硬碟等。一方面，機殼發揮保護作用，防止

異物（如老鼠、昆蟲等）進入內部而破壞電路；另一方面，機殼也不是完全封閉的，它一定對外預留有一些使用介面，如開機按鈕、USB 介面等，這樣使用者才能夠使用電腦，電腦主機的類別結構如圖 1-2 所示。

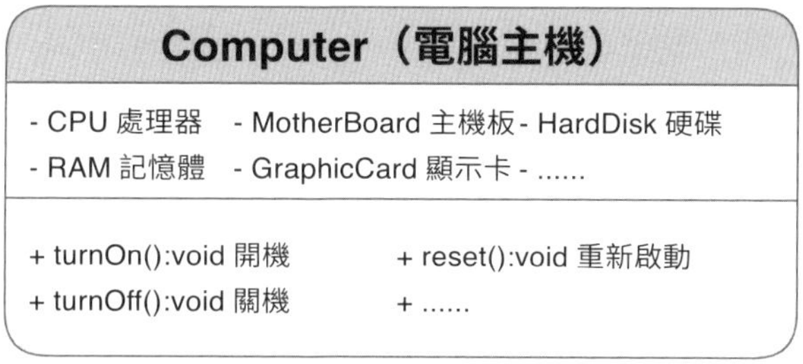

Computer（電腦主機）

- CPU 處理器　- MotherBoard 主機板 - HardDisk 硬碟
- RAM 記憶體　- GraphicCard 顯示卡 - ......

+ turnOn():void 開機　　　+ reset():void 重新啟動
+ turnOff():void 關機　　　+ ......

圖 1-2　電腦主機的類別結構

封裝的概念在歷史發展中也非常多見，其實它就是隨著時間的推移對前人經驗和技術產物的逐漸堆疊和組合的結果。舉個例子，早期的槍設計得非常簡陋，發射一發子彈需要很長時間去準備，裝填時要先把火藥倒入槍管內，然後裝入鉛彈，最後用棍子戳實後才能發射；而下一次發射還要再重複這一過程，耗時費力。為了解決這個問題，人們開始思考，既然彈藥裝填如此困難，那不如把彈頭和火藥組合後封裝在彈殼裡，這樣只要撞擊彈殼底部，彈頭就會因火藥爆炸的力量而發射出去，裝入槍膛的子彈便可發出，如圖 1-3 所示。

從彈藥到子彈的發展其實就是對彈藥的「封裝」，因此大大提高了裝彈效率。其實一次裝一發子彈還是效率欠佳，如果再進一步，在子彈外再封裝一層彈夾的話則會更顯著地提升效率。我們可以定義一個資料結構「堆疊」來模擬這個彈夾，保證最早壓入（push）的子彈最後彈出（pop），這就是堆疊結構「先進後出，後進先出」的特點。如此一來，子彈打完後只需更換彈夾就可以了。至此，封裝的層層堆疊又上了一個層次，在機槍被發明出來之後冷兵器時代就徹底結束了。

圖 1-3　彈藥的發展

在 Java 程式語言中，一對大括號「{}」就是類別的外殼、邊界，它能夠將類別的各種屬性及行為包裹起來，將它們封裝在類別內部並固化成一個整體。封裝好的類別如同一個黑匣子，外部無法看到內部的構造及運轉機制，而只能使用其暴露出來的屬性或方法。需要注意的是，我們千萬不要過度設計、過度封裝，更不要東拉西扯、亂攀親戚，像是把檯燈、輪子、茶杯等物品封裝在一起，或者在電腦主機裡封裝一個算盤。如果把一些不相干的物件硬生生封裝在一起，就會使程式碼變得莫名其妙，難於維護與管理，所謂「物極必反，過猶不及」，所以封裝一定要適度。

1.2　繼承

繼承是非常重要的物件導向特性，如果沒有它，程式碼量會變得非常龐大且難以維護、修改。繼承可以使父類別的屬性和方法延續到子類別中，這樣子類別就不需要重複定義，並且子類別可以透過重寫來修改繼承而來的方法實現，或者透過追加達到屬性與功能擴展的目的。從某種意義上講，如果說類別是物件的樣板，那麼父類別（或超類別）則可以被看作樣板的樣板。

生物一代一代延續是靠什麼來保持父輩的特徵呢？沒錯，答案就是遺傳基因 DNA，如圖 1-4 所示。正所謂「龍生龍鳳生鳳，老鼠的兒子會打洞」，如果沒有這個遺傳機制，程式碼的數量就會急速膨脹，很多功能、資源都會出現重複定義的情況，這樣就會造成極大的冗餘和資源的浪費，所以受自然界的啟發，物件導向就有了繼承機制。

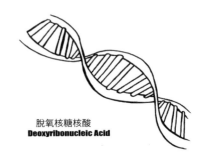

脫氧核糖核酸
Deoxyribonucleic Acid

圖 1-4　生物的遺傳基因

舉個例子，兒子從父親那裡繼承了一些東西，就不需要透過別的方式獲得了，如繼承家產。再舉個例子，我們知道，狗是人類忠實的朋友，它們在一萬多年的進化過程中不斷繁衍，再加上人類的培育，衍生出許多品種，如圖 1-5 所示。

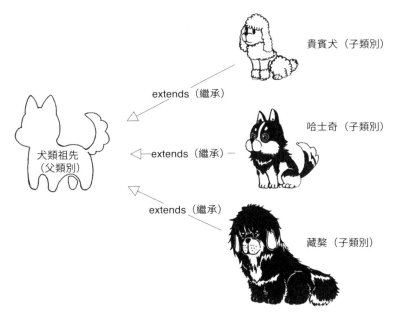

圖 1-5　犬類別的繼承

基於圖 1-5 所示的繼承關係，我們思考一下如何用程式碼來建模。倘若為每個犬類品種都定義一個類別並封裝各自的屬性和方法，這顯然不行，因為類別一多勢必會造成程式碼泛濫。其實，不管是什麼犬類品種，它們都有某些共同的特徵與行為，如吠叫行為等，所以我們需要把犬類別共有的基因抽離出來，並封裝到一個犬類別祖先中以供後代繼承，請參看程式 1-1。

程式 1-1　犬類別的祖先 Dog

```
1.   public class Dog {
2.     protected String breeds;// 品種
3.     protected boolean sex;// 性別
4.     protected String color;// 毛色
5.     protected int age;// 年齡
6.
7.     public Dog(String breeds) {
8.       this.age = 0; // 初始化為 0 歲
9.       this.breeds = breeds; // 初始化犬類品種
10.    }
11.
12.    public void bark(){// 吠叫
13.      System.out.println(" 汪汪汪 ");
14.    }
15.
```

```
16.    public String getBreeds() {
17.       return breeds;
18.    }
19.
20.    /* 假設自出生後就不可以變種了，那麼此處不應暴露 setBreeds 方法
21.    public void setBreeds(String breeds) {
22.       this.breeds = breeds;
23.    }
24.    */
25.    public boolean isSex() {
26.       return sex;
27.    }
28.
29.    public void setSex(boolean sex) {
30.       this.sex = sex;
31.    }
32.
33.    public String getColor() {
34.       return color;
35.    }
36.
37.    public void setColor(String color) {
38.       this.color = color;
39.    }
40.
41.    public int getAge() {
42.       return age;
43.    }
44.
45.    public void setAge(int age) {
46.       this.age = age;
47.    }
48. }
```

如程式 1-1 所示，我們為犬類別定義了品種、性別、毛色、年齡這四個屬性，並且帶有相應的 setter 方法和 getter 方法。第 12 行的吠叫方法是犬類的共有行為，理所當然能被子類別繼承。需要注意的是，倘若我們把犬類別屬性的存取權限由「protected」改為「private」，就意味著子類別不能再直接存取這些屬性了，但這並無大礙，最終子類別依舊可以透過繼承而來的並且宣告為「public」的 getter 方法和 setter 方法去間接存取它們。好了，接下來我們用子類別哈士奇類別來說明如何繼承，請參看程式 1-2。

程式 1-2　哈士奇類別 Husky

```
1.   public class Husky extends Dog {
2.
3.     public Husky() {
4.       super(" 哈士奇 ");
5.     }
6.
7.     public void sleighRide() {// 拉雪橇
8.       System.out.println(" 拉雪橇 ");
9.     }
10.
11. }
```

如程式 1-2 所示，為了延續父類別的基因，哈士奇類別在第一行的類別定義後用
「extends」關鍵字宣告了對父類別 Dog 的繼承。第 4 行以「super」關鍵字呼叫了
父類別的構造方法，並初始化了狗的品種 breeds 為「哈士奇」，當然年齡一併會
被父類別初始化為 0 歲。我們可以看到哈士奇類別的程式碼已經變得特別簡單了，
既沒有定義任何 getter 方法或 setter 方法，又沒有定義吠叫方法，而當我們呼叫這
些方法時卻能神奇般地得到結果，這是因為它繼承了父類別的方法，不需要我們
重新定義。只能繼承父類別是不夠的，哈士奇類別還應該有自己的特色，這就要
增加其自己的屬性、方法，在程式碼第 7 行中我們增加了哈士奇類別所特有的「拉
雪橇」行為，這是父類別所不具有的。除此之外，哈士奇吠叫起來比較特殊，這
可能是基因突變或者是返祖現象所致，這時我們甚至可以重寫吠叫方法以讓它發
出狼的叫聲。其他子類別的繼承也可以各盡其能，比如貴賓犬可以作揖，藏獒可
以看家護院等，讀者可以自己發揮。總之，繼承的目的並不只是全盤照搬，而是
可以基於父類別的基因靈活擴展。

我們知道任何類別都有一個 toString() 方法，但我們根本沒有宣告它，這是
為什麼呢？其實這是從 Object 類別繼承的方法，因為 Object 是一切類別的
祖先類別。

1.3 多型

眾所周知，在我們建立物件的時候通常會再定義一個引用指向它，以便後續進行物件操作，而這個引用的類型則決定著其能夠指向哪些物件，用犬類定義的引用絕不能指向貓類物件，所以對於父類別定義的引用只能指向本類或者其子類別實例化而來的物件，這就是一種多型。除此之外，還有其他形式的多型，例如抽象類別引用指向子類別物件，介面引用指向實現類的物件，其本質上都別無二致。

我們繼續以 1.2 節中的犬類繼承為例。如果以犬類 Dog 作為父類別，那麼哈士奇、貴賓犬、藏獒、吉娃娃等都可以作為其子類別。如果我們定義犬類引用 dog，那麼它就可以指向犬類的物件，或者其任意子類別的物件，也就是「哈士奇是犬類，藏獒是犬類……」。我們用程式碼來表示，請參看程式 1-3。

程式 1-3　犬類多型構造範例

```
1.  Dog dog; // 定義父類別引用
2.  dog = new Dog();// 父類別引用指向父類別物件 (狗是犬類)
3.  dog = new Husky()// 父類別引用指向子類別物件 (哈士奇是犬類)
4.
5.  Husky husky = new Dog();// 錯誤：子類別引用指向父類別物件 (犬類是哈士奇)
```

如程式 1-3 所示，前三行沒有任何問題，犬類引用可以指向犬類的物件，也可以指向哈士奇類別的物件，這讓 dog 引用變得更加靈活、多變，可以引用任何本類別或子類別的物件。然而第 5 行程式碼則會出錯，因為讓哈士奇類別的引用指向犬類 Dog 的物件就行不通了，這就好像說「犬類就是哈士奇」一樣，邏輯不通。

再進一步講，多型其實是利用了繼承（或介面實現）這個特性體現出來的另一番景象。我們以食物舉例，中華美食博大精深，菜品眾多且色香味俱全，這都離不開各式各樣的食材，如圖 1-6 所示。

圖 1-6　有機食物的多樣性

雖然食材形態各異，但是萬變不離其宗，它們都是自然界生長出來的有機生物。而作為人類，我們可以食用哪些食物呢？顯而易見，人類只能食用有機食物，對於金屬、塑膠等是不能消化的。所以正如圖 1-7 所展示的那樣，人類所能接受的食物物件可以是番茄、蘋果、牛肉等有機食物的多形態表現，而不能是金屬類物質。

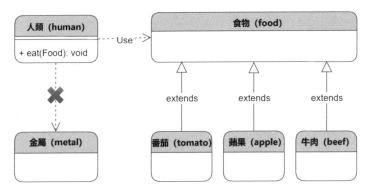

圖 1-7　人類與食物的關係類別結構

也許有人會提出疑問，全部用 Object 類別作為引用不是更加靈活，多型性更加豐富嗎？其實，任何事物都有兩面性，一方面帶來了靈活性，而另一方面造成了破壞性。

1.4　電腦與周邊裝置

為了更透徹地理解物件導向的特性，以及設計模式如何巧妙利用物件導向的特性來組織各種模組協同工作，我們就以電腦這個既具體又貼切的例子來切入實戰部分。如圖 1-8 所示，相信很多年輕的讀者沒有見過這種早期的個人電腦，它的鍵盤、主機和顯示器等都是整合為一體的。

越是舊式的電腦，其整合度越高，甚至把所有配件都一體化，配件之間的耦合度極高，難以分割。這種過度封裝的電腦為什麼會退出歷史舞台呢？試想，某天顯示器壞了，我們只能把整個機器拆開更換顯示器。如果顯示器是焊接在主機板上的，情況就更糟糕了。缺少介面的設計造成了極高的耦合度，而更糟的是，如果這種顯示器已經停產了，結果也只能整機換新。

為了解決這個問題，設計人員提出了模組化的概念，各種周邊裝置如雨後春筍般湧現，如滑鼠、鍵盤、攝影機、印表機、外接硬碟……但這時又出現一個問題，如果每種裝置都有一種介面，那麼電腦主機上得有多少種介面？這些介面包括串列埠、平行埠、PS2 介面……介面泛濫將是一場災難，採用標準化的介面勢在必行，於是便有了現在的 USB 介面。USB 提供了一種介面標準：電壓 5V，雙工資料傳輸，最重要的是電腦與周邊裝置的連接有了統一的規格，只要是 USB 標準，裝置就可以進行接駁，最終電腦發展成為圖 1-9 所示的樣子。

圖 1-8　舊式電腦

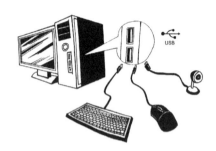

圖 1-9 現代電腦

我們每天都在接觸電腦，對於這種設計可能從未思考過。為了便於理解，我們讓電腦和各種周邊裝置鮮活起來，下面是它們之間展開的一場精彩對話，其中的角色包括一台電腦，一個 USB 介面，還有幾個 USB 裝置，故事就這樣開始了。

> 電腦：「我宣布，從現在開始 USB 介面晉升為我的秘書，我只接收它傳遞過來的資料，誰要找我溝通必須透過它。」

> USB 介面：「我不關心要接駁我的裝置是什麼，但我規定你必須實現我定義的 getData() 這個方法，但具體怎樣實現我不管，總之我會呼叫你的這個方法把資料讀取過來。」

> USB 鍵盤：「我有 readData(data Data) 這個方法，我已經實現好了，傳過去的是使用者輸入的字元。」

> USB 滑鼠：「我也一樣，但傳過去的是滑鼠移動或點擊資料。」

> USB 攝影機：「沒錯，我也實現了這個方法，只是我的資料是影片軌相關的。」

> USB 介面：「不管你們是什麼類型的資料，只要傳過來轉換成 Data 就行了，我接收你們的接駁請求，除了 PS2 滑鼠。」

> PS2 滑鼠：「@ 電腦，老大，這怎麼辦？你找來的這個 USB 介面太霸道了，我們根本無法溝通，你們不能尊重一下老人嗎？」

> 電腦：「你自己想辦法，要順應時代潮流，與時俱進。」

> PS2 滑鼠：……

透過這場對話,我們對電腦和周邊裝置以及它們之間的關係有了更深刻的認識。電腦中裝了一個 USB 介面,這就是「封裝」,而鍵盤、滑鼠及攝影機都是 USB 介面的實現類別,從廣義上理解這就是一種「繼承」,所以電腦的 USB 介面就能接駁各式各樣的 USB 裝置,這就是「多型」。我們來看它們的類別結構,如圖 1-10 所示。

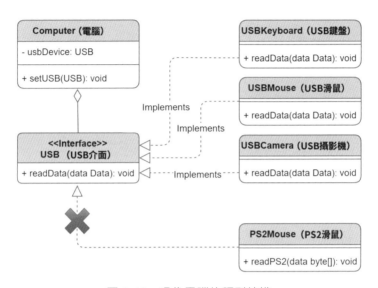

圖 1-10 現代電腦的類別結構

透過對電腦介面的抽象化、標準化,我們對各個模組重新分類、規劃,併合理封裝,最終實現電腦與周邊裝置的徹底解耦。多型化的周邊裝置使電腦功能更加強大、靈活、可擴展、可取代。其實這就是設計模式中非常重要的一種「策略模式」,介面的定義是解決耦合問題的關鍵所在。但對於一些老舊的介面裝置模組,我們暫時還無法使用,正如同上面故事裡那個可憐的 PS2 滑鼠。

我們都知道有一種裝置叫轉換器,它能輕鬆地將老舊的介面裝置轉接到新的介面,以達到相容的目的,這就是「轉接器模式」。這些設計模式後續都會被講到,我們會由淺入深、一步一個腳印地逐個解析。讀者一定要邊學邊思考,理論一定要與實踐結合才能舉一反三、融會貫通,如此才能合理有效地利用設計模式設計出更加優雅、健壯、靈活的應用程式。

建立篇

Chapter

2

單例

單例模式（Singleton）是一種非常簡單且容易理解的設計模式。顧名思義，單例即單一的實例，確切地講就是指在某個系統中只存在一個實例，同時提供集中、統一的存取介面，以使系統行為保持協調一致。singleton 一詞在邏輯學中指「有且僅有一個元素的集合」，這非常恰當地概括了單例的概念，也就是「一個類別僅有一個實例」。

2.1　孤獨的太陽

盤古開天，造日月星辰。從「夸父逐日」到「后羿射日」，太陽對於我們的先祖一直具有著神秘的色彩與非凡的意義。隨著科學的不斷發展，我們逐漸揭開了太陽系的神秘面紗。我們可以把太陽系看作一個龐大的系統，其中有各式各樣的物件存在，豐富多彩的實例造就了系統的美好。這個系統裡的某些實例是唯一的，如我們賴以生存的恆星太陽，如圖 2-1 所示。

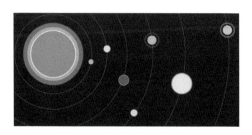

圖 2-1　太陽系

與其他行星或衛星不同的是，太陽是太陽系內唯一的恆星實例，它持續提供給地球充足的陽光與能量，離開它地球就不會有今天的勃勃生機，但倘若天上有九個太陽，那麼將會帶來一場災難。太陽東升西落，循環往復，不多不少僅此一例。

2.2　餓漢造日

既然太陽系裡只有一個太陽，我們就需要嚴格把控太陽實例化的過程。我們從最簡單的開始，先來寫一個 Sun 類別。請參看程式 2-1。

程式 2-1　太陽類別 Sun

```
1.  public class Sun {
2.
3.  }
```

如程式 2-1 所示，太陽類別 Sun 中目前什麼都沒有。接下來我們得確保任何人都不能建立太陽的實例，否則一旦程式設計師呼叫程式碼「new Sun()」，天空就會出現多個太陽，又得請「后羿」去解決了。有些讀者可能會疑惑，我們並沒有寫構造器，為什麼太陽還可以被實例化呢？這是因為 Java 可以自動為其加上一個無參構造器。為防止太陽實例泛濫將世界再次帶入災難，我們必須禁止外部呼叫構造器，請參看程式 2-2。

程式 2-2　太陽類別 Sun

```
1.  public class Sun {
2.
3.      private Sun(){// 構造方法私有化
4.
5.      }
6.
7.  }
```

如程式 2-2 所示，我們在第 3 行將太陽類別 Sun 的構造方法設為 private，使其私有化，如此一來太陽類別就被完全封閉了起來，實例化工作完全歸屬於內部事務，任何外部類別都無權干預。既然如此，那麼我們就讓它自己建立自己，並使其自有永有，請參看程式 2-3。

程式 2-3　太陽類別 Sun

```
1.   public class Sun {
2.
3.       private static final Sun sun = new Sun();// 自有永有的單例
4.
5.       private Sun(){// 構造方法私有化
6.
7.       }
8.
9.   }
```

如程式 2-3 所示，程式碼第 3 行中「private」關鍵字確保太陽實例的私有性、不可見性和不可存取性；而「static」關鍵字確保太陽的靜態性，將太陽放入記憶體裡的靜態區，在類別載入的時候就初始化了，它與類別同在，也就是說它是與類別同時期且早於記憶體堆中的物件實例化的，該實例在記憶體中永生，記憶體垃圾收集器（Garbage Collector, GC）也不會對其進行回收；「final」關鍵字則確保這個太陽是常量、恆量，它是一顆終極的恆星，引用一旦被賦值就不能再修改；最後，「new」關鍵字初始化太陽類別的靜態實例，並賦予靜態常量 sun。這就是「餓漢模式」（eager initialization），即在初始階段就主動進行實例化，並時刻保持一種渴求的狀態，無論此單例是否有人使用。

單例的太陽物件寫好了，可一切皆是私有的，外部怎樣才能存取它呢？正如同程式入口的靜態方法 main()，它不需要任何物件引用就能被存取，我們同樣需要一個靜態方法 getInstance() 來獲取太陽的單例物件，同時將其設定為「public」以暴露給外部使用，請參看程式 2-4。

程式 2-4　太陽類別 Sun

```
1.   public class Sun {
2.
3.       private static final Sun sun = new Sun();// 自有永有的太陽單例
4.
5.       private Sun(){// 構造方法私有化
6.
7.       }
8.
9.       public static Sun getInstance(){// 陽光普照，方法公開化
10.          return sun;
11.      }
12.
13.  }
```

如程式 2-4 所示，太陽單例類別的雛形已經完成了，對外部來說只要呼叫 Sun.getInstance() 就可以得到太陽物件了，並且不管誰得到，或是得到幾次，得到的都是同一個太陽實例，這樣就確保了整個太陽系中恆星太陽的唯一合法性，他人無法偽造。當然，讀者還可以添加其他功能方法，如發光和發熱等，此處就不再贅述了。

2.3　懶漢的隊伍

至此，我們已經學會了單例模式的「餓漢模式」，讓太陽一開始就準備就緒，隨時供應免費日光。然而，如果始終沒人獲取日光，那豈不是白造了太陽，一塊記憶體區域被白白地浪費了？這正類似於商家貨品滯銷的情況，貨架上堆放著商品卻沒人買，白白浪費空間。因此，商家為了降低風險，規定有些商品必須提前預訂，這就是「懶漢模式」（lazy initialization）。沿著這個概念，我們繼續對太陽類別進行改造，請參看程式 2-5。

程式 2-5　太陽類別 Sun

```
1.  public class Sun {
2.
3.      private static Sun sun;// 這裡不進行實例化
4.
5.      private Sun(){// 構造方法私有化
6.
7.      }
8.
9.      public static Sun getInstance() {
10.         if (sun == null) {// 如果無日才造日
11.             sun = new Sun();
12.         }
13.         return sun;
14.     }
15.
16. }
```

如程式 2-5 所示，可以看到我們一開始並沒有造太陽，所以去掉了關鍵字 final，只有在某執行緒第一次呼叫第 9 行的 getInstance() 方法時，才會執行對太陽進行實例化的邏輯程式碼，之後再請求就直接返回此實例了。這樣的好處是如無請求就不實例化，節省了記憶體空間；而壞處是第一次請求的時候速度較之前的餓漢初始化模式慢，因為要消耗 CPU 資源去臨時造這個太陽（即使速度快到可以忽略不計）。

這樣的程式邏輯看似沒問題，但其實在多執行緒模式下是有缺陷的。試想如果是並行請求的話，程式第 10 行的判空邏輯就會同時成立，這樣就會多次實例化太陽，並且對 sun 進行多次賦值（覆蓋）操作，這違背了單例的理念。我們再來改良一下，把請求方法加上 synchronized（同步鎖）讓其同步，如此一來，某執行緒呼叫前必須獲取同步鎖，呼叫完後會釋放鎖給其他執行緒用，也就是給請求排隊，一個接一個按順序來，請參看程式 2-6。

程式 2-6　太陽類別 Sun

```
1.   public class Sun {
2.
3.       private static Sun sun;// 這裡不進行實例化
4.
5.       private Sun(){// 構造方法私有化
6.
7.       }
8.
9.       public static synchronized Sun getInstance() {// 此處加入同步鎖
10.          if (sun == null) {// 如果無日才造日
11.              sun = new Sun();
12.          }
13.          return sun;
14.      }
15.
16.  }
```

如程式 2-6 所示，我們將太陽類別 Sun 中第 9 行的 getInstance() 改成了同步方法，如此可避免多執行緒陷阱。然而這樣的做法是要付出一定代價的，試想，執行緒還沒進入方法內部便不管三七二十一直接加鎖排隊，會造成執行緒阻塞，資源與時間被白白浪費。我們只是為了實例化一個單例物件而已，不必如此興師動眾，使用 synchronized 讓所有請求排隊等候。所以，要保證多執行緒並行下邏輯的正確性，同步鎖一定要加得恰到好處，其位置是關鍵所在，請參看程式 2-7。

程式 2-7　太陽類別 Sun

```
1.   public class Sun {
2.
3.       private volatile static Sun sun;
4.
5.       private Sun(){// 構造方法私有化
6.
7.       }
8.
```

```
9.      public static Sun getInstance() {// 華山入口
10.         if (sun == null) {// 觀日台入口
11.             synchronized(Sun.class){// 觀日者進行排隊
12.                 if (sun == null) {
13.                     sun = new Sun();// 旭日東升
14.                 }
15.             }
16.         }
17.         return sun; //……陽光普照，其餘人不必再造日
18.     }
19. }
```

如程式 2-7 所示，我們在太陽類別 Sun 中第 3 行對 sun 變數的定義不再使用 find
關鍵字，這意味著它不再是常量，而是需要後續賦值的變數；而關鍵字 volatile
對靜態變數的修飾則能保證變數值在各執行緒存取時的同步性、唯一性。需要
特別注意的是，對於第 9 行的 getInstance() 方法，我們去掉了方法上的關鍵字
synchronized，使大家都可以同時進入方法並對其進行開發。

請仔細閱讀每行程式碼的注釋，有些人（執行緒）起早就是為了觀看日出，那麼
這些人會透過第 10 行的判空邏輯進入觀日台。而在第 11 行又加上了同步塊以防
止多個執行緒進入，這就類似於觀日台是一個狹長的走廊，大家排隊進入。隨後
在第 12 行又進行一次判空邏輯，這就意味著只有隊伍中的第一個人造了太陽，有
幸看到了日出的第一縷陽光，而後面的人則統統離開，直到第 17 行得到已經造好
的太陽，如圖 2-2 所示。

圖 2-2　觀日台

隨後發生的事情就不難想見了，太陽高高升起，實例化操作完畢，起晚的人們都
無須再進入觀日台，直接獲取太陽實例就可以了，陽光普照大地，將溫暖灑向
人間。

大家注意到沒有，我們一共用了兩個嵌套的判空邏輯，這就是懶載入模式的「雙檢鎖」：外層放寬入口，保證執行緒並行的高效性；內層加鎖同步，保證實例化的單次執行。如此裡應外合，不僅達到了單例模式的效果，還完美地保證了構建過程的執行效率，一舉兩得。

2.4　大道至簡

相較於「懶漢模式」，其實在大多數情況下我們通常會更多地使用「餓漢模式」。原因在於這個單例遲早是要被實例化占用記憶體的，延遲懶載入的意義並不大，加鎖解鎖反而是一種資源浪費，同步更是會降低 CPU 的利用率，使用不當的話反而會帶來不必要的風險。越簡單的包容性越強，而越複雜的反而越容易出錯。我們來看單例模式的類別結構，如圖 2-3 所示。單例模式的角色定義如下。

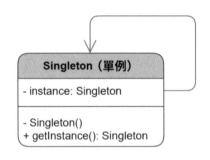

圖 2-3　單例模式的類別結構

- Singleton（單例）：包含一個自己的類別實例的屬性，並把構造方法用 private 關鍵字隱藏起來，對外只提供 getInstance() 方法以獲得這個單例物件。

除了「餓漢」與「懶漢」這兩種單例模式，其實還有其他的實現方式。但萬變不離其宗，它們統統都是由這兩種模式發展、衍生而來的。我們都知道 Spring 框架中的 IoC 容器很好地幫我們託管了業務物件，如此我們就不必再親自動手去實例化這些物件了，而在預設情況下我們使用的正是框架提供的「單例模式」。誠然，究其程式碼實現當然不止如此簡單，但我們應該追本溯源，抓住其本質的部分，理解其核心的設計思想，再針對不同的應用場景做出相應的調整與變動，結合實踐舉一反三。

Chapter

3

原型

原型模式（Prototype），在製造業中通常是指大批次生產開始之前研發出的概念模型，並基於各種參數指標對其進行檢驗，如果達到了品質要求，即可參照這個原型進行批次生產。原型模式達到以原型實例建立副本實例的目的即可，並不需要知道其原始類別，也就是說，原型模式可以用物件建立物件，而不是用類別建立物件，以此達到效率的提升。

3.1 原件與副本

在講原型模式之前，我們得先搞清楚什麼是類別的實例化。相信大家一定見過活字印章，如圖 3-1 所示，當我們調整好需要的日期（初始化參數），再輕輕一蓋（呼叫構造方法），一個實例化後的日期便躍然紙上了，這個過程正類似於類別的實例化。

圖 3-1　印章實例化的過程

其實構造一個物件的過程是耗時耗力的。想必大家一定有過列印和影印的經驗。為了節省成本，我們通常會用印表機把電子文件列印到 A4 紙上（原型實例化過程），再用影印機把這份紙質文稿複製多份（原型複製過程），這樣既簡單又有效率。那麼，對於第一份列印出來的原文稿，我們可以稱之為「原型文件」，而對於影印過程，我們則可以稱之為「原型複製」，如圖 3-2 所示。

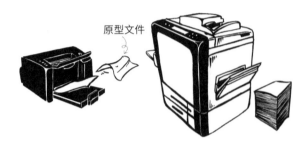

原型文件

圖 3-2　對原文件的影印

3.2　卡頓的遊戲

想必大家已經明白了類別的實例化與複製之間的區別，兩者都是在造物件，但方法絕對是不同的。原型模式的目的是從原型實例複製出新的實例，對於那些有非常複雜的初始化過程的物件或者是需要耗費大量資源的情況，原型模式是更好的選擇。理論還需與實踐結合，下面開始實戰部分，假設我們準備設計一個空戰遊戲的程式，如圖 3-3 所示。

圖 3-3　空戰遊戲

我們這裡為了保持簡單，設定遊戲為單打，也就是說主角飛機只有一架，而敵機則有很多架，而且可以在螢幕上垂直向下移動來撞擊主角飛機。具體是如何實現的呢？其實非常簡單，就是程式不停改變其座標並在畫面上重繪而已。由淺入深，我們先試著寫一個敵機類別，請參看程式 3-1。

空戰遊戲中的主角如果是單個實例的話，其實就用到單例模式了。讀者可以複習一下第 2 章的內容，並親自實戰練習一下。本章只關注可以有多個實例的敵機。

程式 3-1　敵機類別 EnemyPlane

```
1.   public class EnemyPlane {
2.
3.       private int x;// 敵機橫座標
4.       private int y = 0;// 敵機縱座標
5.
6.       public EnemyPlane(int x) {// 構造器
7.           this.x = x;
8.       }
9.
10.      public int getX() {
11.          return x;
12.      }
13.
14.      public int getY() {
15.          return y;
16.      }
17.
18.      public void fly(){// 讓敵機飛
19.          y++;// 每呼叫一次，敵機飛行時縱座標＋1
20.      }
21.
22.  }
```

如程式 3-1 所示，敵機類別 EnemyPlane 在第 6 行的敵機構造器方法中對飛機的橫座標 x 進行了初始化，而縱座標則固定為 0，這是由於敵機一開始是從頂部飛出的。所以其縱座標 y 必然為 0（螢幕左上角座標為 [0, 0]）。繼續往下看，敵機類別只提供了 getter 方法而沒有提供 setter 方法，也就是說我們只能在初始化時確定好敵機的橫座標 x，之後則不允許再更改座標了。當遊戲執行時，我們只要連續呼叫第 18 行的飛行方法 fly()，便可以讓飛機像雨點一樣不斷下落。在開始繪製敵機動畫之前，我們首先得實例化 500 架敵機，請參看程式 3-2。

程式 3-2　用戶端類別 Client

```
1.  public class Client {
2.
3.      public static void main(String[] args) {
4.          List<EnemyPlane> enemyPlanes = new ArrayList<EnemyPlane>();
5.
6.          for (int i = 0; i < 500; i++) {
7.              // 此處於隨機縱座標處出現敵機
8.              EnemyPlane ep = new EnemyPlane(new Random().nextInt(200));
9.              enemyPlanes.add(ep);
10.         }
11.
12.     }
13.
14. }
```

如程式 3-2 所示，我們在第 6 行使用了循環的方式來批次生產敵機，並使用了
「new」關鍵字來實例化敵機，循環結束後 500 架敵機便統統被加入第 4 行定義的
飛機列表 enemyPlanes 中。這種做法看似沒有任何問題，然而效率卻是非常低的。
我們知道在遊戲畫面上根本沒必要同時出現這麼多敵機，而在遊戲還未開始之前，
也就是遊戲的載入階段我們就實例化了這一關卡的所有 500 架敵機，這不但使載
入速度變慢，而且是對有限記憶體資源的一種浪費。那麼到底什麼時候去構造敵
機？答案當然是懶載入了，也就是按照地圖座標，螢幕滾動到某一點時才即時構
造敵機，這樣一來問題就解決了。

但遺憾的是，懶載入依然會有性能問題，主要原因在於我們使用的「new」關鍵字
進行的基於類別的實例化過程，因為每架敵機都進行全新構造的做法是不合適的，
其代價是耗費更多的 CPU 資源，尤其在一些大型遊戲中，很多個執行緒在不停地
運轉著，CPU 資源本身就非常寶貴，此時若進行大量的類別構造與複雜的初始化
工作，必然會造成遊戲卡頓，甚至有可能會造成系統無回應，使遊戲體驗大打折
扣，如圖 3-4 所示。

圖 3-4 系統無回應

3.3 細胞分裂

硬體永遠離不開優秀的軟體，我們絕不允許以糟糕的軟體設計來挑戰硬體，因而程式碼最佳化勢在必行。我們思考一下之前的設計，既然循環第一次後已經實例化好了一個敵機原型，那麼之後又何必去重複這個構造過程呢？敵機物件能否像細胞分裂一樣自我複製呢？要解決這些問題，原型模式是最好的解決方案了，對敵機類別進行重構並讓其支援原型複製，請參看程式 3-3。

程式 3-3　可被複製的敵機類別 EnemyPlane

```
1.   public class EnemyPlane implements Cloneable{
2.
3.       private int x;// 敵機橫座標
4.       private int y = 0;// 敵機縱座標
5.
6.       public EnemyPlane(int x) {// 構造器
7.           this.x = x;
8.       }
9.
10.      public int getX() {
11.          return x;
12.      }
13.
14.      public int getY() {
15.          return y;
16.      }
17.
18.      public void fly(){// 讓敵機飛
19.          y++;// 每呼叫一次，敵機飛行時縱座標＋1
20.      }
```

```
21.
22.        // 此處開放 setX，是為了讓複製後的實例重新修改橫座標
23.        public void setX(int x) {
24.            this.x = x;
25.        }
26.
27.        // 重寫複製方法
28.        @Override
29.        public EnemyPlane clone() throws CloneNotSupportedException {
30.            return (EnemyPlane)super.clone();
31.        }
32.
33. }
```

如程式 3-3 所示，我們讓敵機類別 EnemyPlane 實現了 java.lang 套件中的複製介面 Cloneable，並在第 29 行的實現方法中呼叫了父類別 Object 的複製方法，如此一來外部就能夠對本類別的實例進行複製操作了，省去了由類別而生的再造過程。還需要注意的是，我們在第 23 行處加入了設定橫座標方法 setX()，使被實例化後的敵機物件依然可以支援座標位置的變更，這是為了保證複製飛機的座標位置個性化。

3.4　複製工廠

至此，複製模式其實已經實現了，我們只需簡單呼叫複製方法便能更有效率地得到一個全新的實例副本。為了更方便地生產飛機，我們決定定義一個敵機複製工廠類別，請參看程式 3-4。

程式 3-4　敵機複製工廠類別 EnemyPlaneFactory

```
1.  public class EnemyPlaneFactory {
2.
3.        // 此處用單例餓漢模式造一個敵機原型
4.        private static EnemyPlane protoType = new EnemyPlane(200);
5.
6.        // 獲取敵機複製實例
7.        public static EnemyPlane getInstance(int x){
8.            EnemyPlane clone = protoType.clone();// 複製原型機
9.            clone.setX(x);// 重新設定複製機的 x 座標
10.           return clone;
11.       }
12.
13. }
```

如程式 3-4 所示，我們在敵機複製工廠類別 EnemyPlaneFactory 中第 4 行使用
了一個靜態的敵機物件作為原型，並於第 7 行提供了一個獲取敵機實例的方法
getInstance()，其中簡單地呼叫複製方法得到一個新的複製物件（此處省略了異常
捕獲程式碼），並將其橫座標重設為傳入的參數，最後返回此複製物件，這樣我
們便可輕鬆獲取一架敵機的複製實例了。

敵機複製工廠類別定義完畢，用戶端程式碼就留給讀者自己去實踐了。但需要注
意，一定得使用「懶載入」的方式，如此既可以節省記憶體空間，又可以確保敵
機的實例化速度，實現敵機的即時性按需複製，這樣遊戲便再也不會出現卡頓現
象了。

3.5 深複製與淺複製

最後，在使用原型模式之前，我們還必須得搞清楚淺複製和深複製這兩個概念，
否則會對某些複雜物件的複製結果感到無比困惑。讓我們再擴展一下場景，假設
敵機類別裡有一顆子彈可以發射並擊殺玩家的飛機，那麼敵機中則包含一顆實例
化好的子彈物件，請參看程式 3-5。

程式 3-5 加裝子彈的敵機類別 EnemyPlane

```
1.  public class EnemyPlane implements Cloneable{
2.
3.      private Bullet bullet = new Bullet();
4.      private int x;// 敵機橫座標
5.      private int y = 0;// 敵機縱座標
6.
7.      // 之後程式碼省略……
8.
9.  }
```

如程式 3-5 所示，對於這種複雜一些的敵機類別，此時如果進行複製操作，我們
是否能將第 3 行中的子彈物件一同成功複製呢？答案是否定的。我們都知道，Java
中的變數分為原始類型和引用類型，所謂淺複製是指只複製原始類型的值，比如
橫座標 x 與縱座標 y 這種以原始類型 int 定義的值，它們會被複製到新複製出的物
件中。而引用類型 bullet 同樣會被複製，但是請注意這個操作只是複製了位址引
用（指標），也就是說副本敵機與原型敵機中的子彈是同一顆，因為兩個同樣的
位址實際指向的記憶體物件是同一個 bullet 物件。

需要注意的是，複製方法中呼叫父類別 Object 的 clone 方法進行的是淺複製，所以此處的 bullet 並沒有被真正複製。然而，每架敵機攜帶的子彈必須要發射出不同的彈道，這就必然是不同的子彈物件了，所以此時原型模式的淺複製實現是無法滿足需求的，那麼該如何改動呢？請參看如程式 3-6 中對敵機類別的深複製支援。

程式 3-6　支援深複製的敵機類別 EnemyPlane

```
1.  public class EnemyPlane implements Cloneable{
2.
3.      private Bullet bullet;
4.      private int x;// 敵機橫座標
5.      private int y = 0;// 敵機縱座標
6.
7.      public EnemyPlane(int x, Bullet bullet) {
8.          this.x = x;
9.          this.bullet = bullet;
10.     }
11.
12.     @Override
13.     protected EnemyPlane clone() throws CloneNotSupportedException {
14.         EnemyPlane clonePlane = (EnemyPlane) super.clone();// 複製出敵機
15.         clonePlane.setBullet(this.bullet.clone());// 對子彈進行深複製
16.         return clonePlane;
17.     }
18.
19.     // 之後程式碼省略……
20.
21. }
```

如程式 3-6 所示，首先我們在第 13 行的複製方法 clone() 中依舊對敵機物件進行了複製操作，緊接著對敵機子彈 bullet 也進行了複製，這就是深複製操作。當然，此處要注意對於子彈類別 Bullet 同樣也得實現複製介面，請讀者自行實現，此處就不再贅述了。

3.6　複製的本質

終於，在我們用複製模式對遊戲程式碼反覆重構後，遊戲性能大幅提升，流暢的遊戲畫面確保了優秀的使用者體驗。最後，我們來看原型模式的類別結構，如圖 3-5 所示。原型模式的各角色定義如下。

- Prototype（原型介面）：宣告複製方法，對應本常式程式碼中的 Cloneable 介面。

- ConcretePrototype（原型實現）：原型介面的實現類別，實現方法中呼叫 super.clone() 即可得到新複製的物件。

- Client（客戶端）：用戶端只需呼叫實現此介面的原型物件方法 clone()，便可輕鬆地得到一個全新的實例物件。

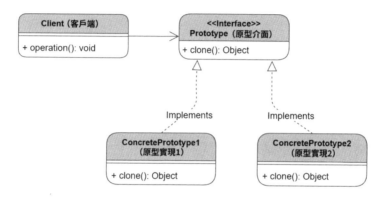

圖 3-5　原型模式的類別結構

從類別到物件叫作「建立」，而由本體物件至副本物件則叫作「複製」，當需要建立多個類似的複雜物件時，我們就可以考慮用原型模式。究其本質，複製操作時 Java 虛擬機會進行內存操作，直接複製原型物件資料流生成新的副本物件，絕不會拖泥帶水地觸發一些多餘的複雜操作（如類別載入、實例化、初始化等），所以其效率遠遠高於「new」關鍵字所觸發的實例化操作。看盡世間煩擾，撥開雲霧見青天，有時候「簡單粗暴」也是一種去繁從簡、不繞彎路的解決方案。

Chapter

4

工廠方法

製造業是一個國家工業經濟發展的重要支柱，而工廠則是其根基所在。程式設計中的工廠類別往往是對物件構造、實例化、初始化過程的封裝，而工廠方法（Factory Method）則可以昇華為一種設計模式，它對工廠製造方法進行介面規範化，以允許子類別工廠決定具體製造哪類產品的實例，最終降低系統耦合，使系統的可維護性、可擴展性等得到提升。

4.1　工廠的多元化與專業化

要理解工廠方法模式，我們還得從頭說起。眾所周知，要製造產品（實例化物件）就得用到關鍵字「new」，例如「Plane plane = new Plane();」，或許還會有一些複雜的初始化程式碼，這就是我們常用的傳統構造方式。然而這樣做的結果會使飛機物件的產生程式碼被牢牢地寫死在用戶端類別裡，也就是說用戶端與實例化過程強耦合了。而事實上，我們完全不必關心產品的製造過程（實例化、初始化），而將這個任務交由相應的工廠來全權負責，工廠最終能交付產品供我們使用即可，如此我們便擺脫了產品生產方式的束縛，實現了與製造過程徹底解耦。

> 還記得第 3 章提到的克隆工廠吧？工廠內部封裝的生產邏輯，對外部來說像一個黑盒子，外部不需要關心工廠內部細節，外部類別只管調用即可。

除此之外，工廠方法模式是基於多元化產品的構造方法發展而來的，它開闢了產品多元化的生產模式，不同的產品可以交由不同的專業工廠來生產，例如皮鞋由皮鞋工廠來製造，汽車則由汽車工廠來製造，專業化分工明確，如圖 4-1 所示。

圖 4-1　專業化的工廠

4.2　遊戲角色建模

在製造產品之前，我們得先為它們建模。我們依舊以空戰遊戲來舉例，通常這類遊戲中主角飛機都擁有強大的武器裝備，以應對敵眾我寡的遊戲局面，所以敵人的種類就應當多樣化，以帶給玩家更加豐富多樣的遊戲體驗。於是我們增加了一些敵機、坦克，遊戲畫面如圖 4-2 所示。

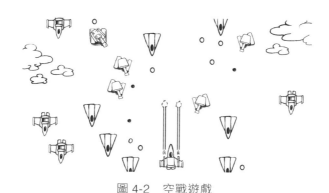

圖 4-2　空戰遊戲

如圖 4-2 所示，遊戲中敵人的種類有飛機和坦克，雖然它們之間的區別比較大，但總有一些共同的屬性或行為，例如一對用來描述位置狀態的座標，以及一個展示（繪製）方法，以便將自己繪製到相應的地圖位置上。好了，現在我們使用抽象類別來定義所有敵人的父類別，請參看程式 4-1。

程式 4-1　敵人抽象類別 Enemy

```
1.  public abstract class Enemy {
2.      // 敵人的座標
3.      protected int x;
4.      protected int y;
5.
6.      // 初始化座標
7.      public Enemy(int x, int y){
8.          this.x = x;
9.          this.y = y;
10.     }
11.
12.     // 抽象方法，在地圖上繪製
13.     public abstract void show();
14.
15. }
```

如程式 4-1 所示，我們在敵人抽象類別 Enemy 中第 13 行定義了一個顯示方法
show()，並宣告其抽象方法，以交給子類別去實現，並按照構造方法（第 7 行）
中初始化的座標位置將自己繪製到地圖上。接下來是具體子類別實現，也就是敵
機類別和坦克類別，請參看程式 4-2 與程式 4-3。

真正的遊戲不止這麼簡單，敵機繪圖執行緒會在下一幀擦除畫板並重繪到
下一個座標以實現動畫效果，敵人抽象類別可能還會有 move()（移動）、
attack()（攻擊）、die()（死亡）等方法，本章常式中我們忽略這些細節。

程式 4-2　敵機類別 Airplane

```
1.  public class Airplane extends Enemy {
2.
3.      public Airplane(int x, int y){
4.          super(x, y);// 呼叫父類別構造方法初始化座標
5.      }
6.
7.      @Override
8.      public void show() {
9.          System.out.println(" 繪製飛機於上層圖層，出現座標：" + x + "," + y);
10.         System.out.println(" 飛機向玩家發動攻擊……");
11.     }
12.
13. }
```

程式 4-3　坦克類別 Tank

```
1.   public class Tank extends Enemy {
2.
3.       public Tank(int x, int y){
4.           super(x, y); // 呼叫父類別構造方法初始化座標
5.       }
6.
7.       @Override
8.       public void show() {
9.           System.out.println(" 繪製坦克於下層圖層，出現座標：" + x + "," + y);
10.          System.out.println(" 坦克向玩家發動攻擊……");
11.      }
12.
13.  }
```

如程式 4-2 與程式 4-3 所示，飛機類別 Airplane 和坦克類別 Tank 都繼承了敵人抽象類別 Enemy，並且分別實現了各自獨特的展示方法 show()，其中坦克應該繪製在下層（但在地圖層之上）圖層，而飛機則繪製在上層圖層，這樣才能遮蓋住下層的所有圖層以達到期望的視覺效果。

4.3　簡單工廠不簡單

產品建模完成後，就應該考慮如何實例化和初始化這些敵人了。毋庸置疑，要使它們都出現在螢幕最上方，就得使其縱座標 y 被初始化為 0，而對於橫座標 x 該怎樣初始化呢？如果讓敵人出現於螢幕正中央的話，就得將其橫座標初始化為螢幕寬度的一半，顯然，如此玩家只需要一直對準螢幕中央射擊，這對遊戲可玩性來說是非常糟糕的，所以我們最好讓敵人的橫座標隨機產生，這樣才能給玩家帶來更好的遊戲體驗。我們來看用戶端如何進行設定，請參看程式 4-4。

程式 4-4　用戶端類別 Client

```
1.   public class Client {
2.
3.       public static void main(String[] args) {
4.           int screenWidth = 100;// 螢幕寬度
5.           System.out.println(" 遊戲開始 ");
6.           Random random = new Random();// 準備隨機數
7.           int x = random.nextInt(screenWidth);// 生成敵機橫座標隨機數
8.           Enemy airplan = new Airplane(x, 0);// 實例化飛機
9.           airplan.show();// 顯示飛機
10.
```

```
11.         x = random.nextInt(screenWidth);// 坦克同上
12.         Enemy tank = new Tank(x, 0);
13.         tank.show();
14.
15.         /* 輸出結果：
16.             遊戲開始
17.             飛機出現座標：94,0
18.             飛機向玩家發動攻擊……
19.             坦克出現座標：89,0
20.             坦克向玩家發動攻擊……
21.         */
22.     }
```

如程式 4-4 所示，我們在第 4 行假設螢幕寬度為 100，然後在第 7 行生成一個從 0 到「螢幕寬度」的隨機數，再以此為橫座標構造並初始化敵人（為保持簡單不考慮敵人自身的寬度），這樣敵人就會出現在隨機的橫座標位置上了。接著往下看，我們在第 11 行構造坦克時做了同樣的設定，最後的輸出結果達到了我們的預期，飛機和坦克隨機出現於螢幕頂部，遊戲可玩性大大提高。

然而，製造隨機出現的敵人這個動作好像不應該出現在用戶端類別中，試想如果我們還有其他敵人也需要構造的話，那麼同樣的程式碼就會再次出現，尤其是當初始化越複雜的時候重複程式碼就會越多。如此耗時費力，何不把這些實例化邏輯抽離出來作為一個工廠類別？沿著這個思路，我們來開發一個製造敵人的簡單工廠類別，請參看程式 4-5。

程式 4-5　簡單工廠類別 SimpleFactory

```
1.  public class SimpleFactory {
2.      private int screenWidth;
3.      private Random random;// 隨機數
4.
5.      public SimpleFactory(int screenWidth) {
6.          this.screenWidth = screenWidth;
7.          this.random = new Random();
8.      }
9.
10.     public Enemy create(String type){
11.         int x = random.nextInt(screenWidth);// 生成敵人橫座標隨機數
12.         Enemy enemy = null;
13.         switch (type) {
14.         case "Airplane":
15.             enemy = new Airplane(x, 0);// 實例化飛機
16.             break;
17.         case "Tank":
```

```
18.              enemy = new Tank(x, 0);// 實例化坦克
19.              break;
20.          }
21.      return enemy;
22.  }
23.
24. }
```

如程式 4-5 所示，簡單工廠類別 SimpleFactory 將之前在用戶端類別裡製造敵人的程式碼挪過來，並封裝在第 10 行的製造方法 create() 方法中，這裡我們在第 13 行加入了一些邏輯判斷，使其可以根據傳入的敵人種類別（飛機或坦克）生產出相應的物件實例，並隨機初始化其位置。如此一來，製造敵人這個任務就全權交由簡單工廠來負責了，於是用戶端便可以直接從簡單工廠取用敵人了，請參看程式 4-6。

程式 4-6　用戶端類別 Client

```
1.  public class Client {
2.
3.      public static void main(String[] args) {
4.          System.out.println(" 遊戲開始 ");
5.          SimpleFactory factory = new SimpleFactory(100);
6.          factory.create("Airplane").show();
7.          factory.create("Tank").show();
8.      }
9.
10. }
```

如程式 4-6 所示，用戶端類別的程式碼變得異常簡單、清爽，這就是分類封裝、各司其職的好處。然而，這個簡單工廠的確很「簡單」，但並不涉及任何的模式設計範疇，雖然用戶端中不再直接出現對產品實例化的程式碼，但羊毛出在羊身上，製造邏輯只是被換了個地方，挪到了簡單工廠中而已，並且用戶端還要告知產品種類才能產出，這無疑是另一種意義上的耦合。

除此之外，簡單工廠一定要保持簡單，否則就不要用簡單工廠。隨著遊戲專案需求的演變，簡單工廠的可擴展性也會變得很差，例如對於那段對產品種類的判斷邏輯，如果有新的敵人類別加入，我們就需要再修改簡單工廠。隨著生產方式不斷多元化，工廠類別就得被不斷地反覆修改，嚴重缺乏靈活性與可擴展性，尤其是對於一些龐大複雜的系統，大量的產品判斷邏輯程式碼會被堆積在製造方法中，

看起來好像功能強大、無所不能，其實維護起來舉步維艱，簡單工廠就會變得一點也不簡單了。

4.4　制定工業製造標準

其實系統中並不是處處都需要呼叫這樣一個萬能的「簡單工廠」，有時系統只需要一個坦克物件，所以我們不必大動干戈使用這樣一個臃腫的「簡單工廠」。另外，由於使用者需求的多變，我們又不得不生成大量程式碼，這正是我們要調和的矛盾。

針對複雜多變的生產需求，我們需要對產品製造的相關程式碼進行合理規劃與分類，將簡單工廠的製造方法進行分割，構建起抽象化、多型化的生產模式。下面我們就對各式各樣的生產方式（工廠方法）進行抽象，首先定義一個工廠介面，以確立統一的工業製造標準，請參看程式 4-7。

程式 4-7　工廠介面 Factory

```
1.  public interface Factory {
2.
3.      Enemy create(int screenWidth);
4.
5.  }
```

如程式 4-7 所示，工廠介面 Factory 其實就是工廠方法模式的核心了。我們在第 3 行中宣告了工業製造標準，只要傳入螢幕寬度，就在螢幕座標內產出一個敵人實例，任何工廠都應遵循此介面。接下來我們重構一下之前的簡單工廠類別，將其按產品種類分割為兩個類別，請參看程式 4-8 和程式 4-9。

程式 4-8　飛機工廠類別 AirplaneFactory

```
1.  public class AirplaneFactory implements Factory {
2.
3.      @Override
4.      public Enemy create(int screenWidth) {
5.          Random random = new Random();
6.          return new Airplane(random.nextInt(screenWidth), 0);
7.      }
8.
9.  }
```

程式 4-9　坦克工廠類別 TankFactory

```
1.  public class TankFactory implements Factory {
2.
3.      @Override
4.      public Enemy create(int screenWidth) {
5.          Random random = new Random();
6.          return new Tank(random.nextInt(screenWidth), 0);
7.      }
8.
9.  }
```

如程式 4-8 和程式 4-9 所示，飛機工廠類別 AirplaneFactory 與坦克工廠類別 TankFactory 的程式碼簡潔、明瞭，它們都以關鍵字 implements 宣告了本類別是實現工廠介面 Factory 的工廠實現類別，並且在第 4 行給出了工廠方法 create() 的具體實現，其中飛機工廠製造飛機，坦克工廠製造坦克，各自有其獨特的生產方式。

除了飛機和坦克，應該還會有其他的敵人，當玩家抵達遊戲時總會有 Boss 出現，這時候我們該如何擴展呢？顯而易見，基於此模式繼續我們的擴展即可，先定義一個繼承自敵人抽象類別 Enemy 的 Boss 類別，相應地還有 Boss 的工廠類別，同樣實現工廠方法介面，請分別參看程式 4-10 和程式 4-11。

程式 4-10　關底 Boss 類別 Boss

```
1.  public class Boss extends Enemy {
2.
3.      public Boss(int x, int y){
4.          super(x, y);
5.      }
6.
7.      @Override
8.      public void show() {
9.          System.out.println("Boss 出現座標：" + x + "," + y);
10.         System.out.println("Boss 向玩家發動攻擊……");
11.     }
12.
13. }
```

程式 4-11　關底 Boss 工廠類別 BossFactory

```
1.  public class BossFactory implements Factory {
2.
3.      @Override
4.      public Enemy create(int screenWidth) {
```

```
5.              // 讓 Boss 出現在螢幕中央
6.              return new Boss(screenWidth / 2, 0);
7.          }
8.
9.  }
```

這裡要注意程式 4-11，因為 Boss 出現的座標總是處於螢幕的中央位置，所以關底 Boss 工廠類別 BossFactory 在初始化時在第 6 行設定 Boss 物件的橫座標為螢幕寬度的一半，而不是隨機生成橫座標。「萬事俱備，只欠東風」，用戶端開始執行遊戲了，請參看程式 4-12。

程式 4-12　用戶端類別

```
1.  public class Client {
2.
3.      public static void main(String[] args) {
4.          int screenWidth = 100;
5.          System.out.println(" 遊戲開始 ");
6.
7.          Factory factory = new TankFactory();
8.          for (int i = 0; i < 5; i++) {
9.              factory.create(screenWidth).show();
10.         }
11.
12.         factory = new AirplaneFactory();
13.         for (int i = 0; i < 5; i++) {
14.             factory.create(screenWidth).show();
15.         }
16.
17.         System.out.println(" 抵達關底 ");
18.         factory = new BossFactory();
19.         factory.create(screenWidth).show();
20.
21.         /*
22.             遊戲開始
23.             坦克出現座標：19,0
24.             坦克向玩家發動攻擊……
25.             坦克出現座標：7,0
26.             坦克向玩家發動攻擊……
27.             坦克出現座標：46,0
28.             坦克向玩家發動攻擊……
29.             坦克出現座標：64,0
30.             坦克向玩家發動攻擊……
31.             坦克出現座標：40,0
32.             坦克向玩家發動攻擊……
33.             飛機出現座標：62,0
34.             飛機向玩家發動攻擊……
```

```
35.              飛機出現座標：86,0
36.              飛機向玩家發動攻擊……
37.              飛機出現座標：32,0
38.              飛機向玩家發動攻擊……
39.              飛機出現座標：84,0
40.              飛機向玩家發動攻擊……
41.              飛機出現座標：33,0
42.              飛機向玩家發動攻擊……
43.              抵達關底
44.              Boss 出現座標：50,0
45.              Boss 向玩家發動攻擊……
46.          */
47.      }
48.
49. }
```

如程式 4-12 所示，我們在第 9 行的循環體中呼叫坦克工廠類別生成敵人，結果製造出的產品肯定是 5 輛坦克，接著又在第 12 行將工廠介面取代為飛機工廠類別，結果 5 架飛機出現在螢幕上。抵達關底後，在第 18 行我們又將工廠介面取代為關底 Boss 工廠類別，結果關底 Boss 出現並與玩家進行戰鬥，具體結果如第 22 行開始的輸出所示。顯而易見，多型化後的工廠多樣性不言而喻，每個工廠的生產策略或方式都具備自己的產品特色，不同的產品需求都能找到相應的工廠來滿足，即便沒有，我們也可以添加新工廠來解決，以確保遊戲系統具有良好的相容性和可擴展性。

4.5　勞動分工

至此，以工廠方法模式構建的空戰遊戲就完成了，之後若要加入新的敵人類別，只需添加相應的工廠類別，無須再對現有程式碼做任何更改。不同於簡單工廠，工廠方法模式可以被看作由簡單工廠演化而來的進階版，後者才是真正的設計模式。在工廠方法模式中，不僅產品需要分類，工廠同樣需要分類，與其把所有生產方式堆積在一個簡單工廠類別中，不如把生產方式放在具體的子類別工廠中去實現，這樣做對工廠的抽象化與多型化有諸多好處，避免了由於新加入產品類別而反覆修改同一個工廠類別所帶來的困擾，使後期的程式碼維護以及擴展更加直觀、方便。工廠方法模式的類別結構，如圖 4-3 所示。

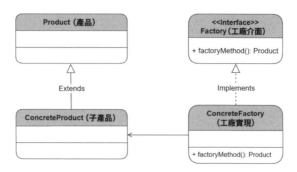

圖 4-3　工廠方法模式的類別結構

工廠方法模式的各角色定義如下。

- Product（產品）：所有產品的頂級父類別，可以是抽象類別或者介面。對應本章常式中的敵人抽象類別。

- ConcreteProduct（子產品）：由產品類別 Product 衍生出的產品子類別，可以有多個產品子類別。對應本章常式中的飛機類別、坦克類別以及關底 Boss 類別。

- Factory（工廠介面）：定義工廠方法的工廠介面，當然也可以是抽象類別，它使頂級工廠製造方法抽象化、標準統一化。

- ConcreteFactory（工廠實現）：實現了工廠介面的工廠實現類別，並決定工廠方法中具體返回哪種產品子類別的實例。

工廠方法模式不但能將用戶端與敵人的實例化過程徹底解耦，抽象化、多型化後的工廠還能讓我們更自由靈活地製造出獨特而多樣的產品。其實工廠不必萬能，泡麵工廠不必生產汽車，手機工廠也不必生產牛仔褲，否則就會通而不精，妄想兼備所有產品線的工廠並不是好的工廠。反之，每個工廠都應圍繞各自的產品進行生產，專注於自己的產品開發，沿用這種分工明確的工廠模式才能使各產業變得越來越專業化，而不至於造成程式碼邏輯泛濫，從而降低產出效率。正所謂「聞道有先後，術業有專攻」，正如英國經濟學家亞當·史密斯提出的勞動分工理論一樣，如圖 4-4 所示，明確合理的勞動分工才能真正地促進生產效率的提升。

圖 4-4　亞當·史密斯的勞動分工理論

Chapter

5

抽象工廠

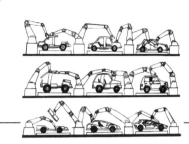

抽象工廠模式（Abstract Factory）是對工廠的抽象化，而不只是製造方法。我們知道，為了滿足不同使用者對產品的多樣化需求，工廠不會只局限於生產一類產品，但是系統如果按工廠方法那樣為每種產品都增加一個新工廠又會造成工廠泛濫。所以，為了調和這種矛盾，抽象工廠模式提供了另一種思路，將各種產品分門別類，基於此來規劃各種工廠的製造介面，最終確立產品製造的頂級規範，使其與具體產品徹底脫鉤。抽象工廠是建立在製造複雜產品體系需求基礎之上的一種設計模式，在某種意義上，我們可以將抽象工廠模式理解為工廠方法模式的高度叢集化升級版，所以，建議讀者先充分理解上一章的內容再來閱讀本章。

5.1　品牌與系列

我們都知道，在工廠方法模式中每個實際的工廠只定義了一個工廠方法。而隨著經濟發展，人們對產品的需求不斷升級，並逐漸走向個性化、多元化，製造業也隨之發展壯大起來，各類工廠遍地開花，能夠製造的產品種類也豐富了起來，隨之而來的弊端就是工廠泛濫。

針對這種情況，我們就需要進行產業規劃與整合，對現有工廠進行重構。例如，我們可以基於產品品牌與系列進行生產線規劃，按品牌劃分 A 工廠與 B 工廠。具體以汽車工廠舉例，A 品牌汽車有轎車、越野車、跑車三個系列的產品，同樣地，B 品牌汽車也包括以上三個系列的產品，如此便形成了兩個產品線，分別由 A 工廠和 B 工廠負責生產，每個工廠都有三條生產線，分別生產這三個系列的汽車，如圖 5-1 所示。

圖 5-1　汽車品牌與系列規劃

基於這兩個品牌汽車工廠的系列生產線，如果今後產生新的 C 品牌汽車、D 品牌汽車等，都可以沿用此種規劃好的生產模式，這便是抽象工廠模式的基礎資料模型。

5.2　產品規劃

無論哪種工廠模式，都一定是基於特定的產品特性發展而來的，所以我們首先得從產品建模切入。假設某公司要開發一款星際戰爭遊戲，戰爭設定在太陽系文明與異星系文明之間展開，遊戲兵種就可以分為人類與外星怪獸兩個種族，遊戲畫面如圖 5-2 所示。

圖 5-2　星際戰爭

如圖 5-2 所示，遊戲戰爭場面相當激烈，人類擁有各種軍事工業高科技裝備，而外星怪獸則靠血肉之軀與人類戰鬥，所以這兩族的兵種必然有著巨大的差異，這就意味著各兵種首先應該按族劃分。此外，從另一個角度來看，它們又有相同之處，兩個種族的兵種都可以被簡單歸納為初級（1 級）、中級（2 級）、進階（3 級）三個等級，如同之前對汽車品牌系列的規劃一樣，各族兵種也應當按等級劃分，最終我們可以得到一個對所有兵種分類歸納的表格，如圖 5-3 所示。

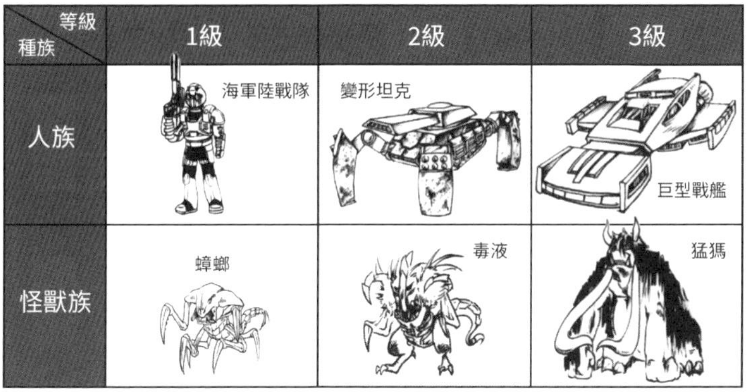

圖 5-3　星際戰爭兵種規劃

如圖 5-3 所示，兵種規劃表格以列劃分等級，以行劃分族，一目了然，我們可以據此建立資料模型。首先，我們來定義一個所有兵種的頂層父類別兵種，這裡我們使用抽象類別，以達到屬性繼承給子類別的目的，請參看程式 5-1。

程式 5-1　兵種類別 Unit

```
1.  public abstract class Unit {
2.
3.      protected int attack;// 攻擊力
4.      protected int defence;// 防禦力
5.      protected int health;// 生命力
6.      protected int x;// 橫座標
7.      protected int y;// 縱座標
8.
9.      public Unit(int attack, int defence, int health, int x, int y) {
10.         this.attack = attack;
11.         this.defence = defence;
12.         this.health = health;
13.         this.x = x;
14.         this.y = y;
15.     }
```

```
16.
17.    public abstract void show();
18.
19.    public abstract void attack();
20.
21. }
```

如程式 5-1 所示，任何兵種都具有攻擊力、防禦力、生命力、座標方位等屬性，從第 3 行開始我們對以上屬性依次定義。除此之外，第 17 行的展示 show()（繪製到圖上）與第 19 行的攻擊 attack() 這兩個抽象方法交由子類別實現。接下來我們將兵種按等級分類，假設同一等級的攻擊力、防禦力等屬性值是相同的，所以初級、中級、進階兵種會分別對應三個等級的兵種類別，請參看程式 5-2、程式 5-3、程式 5-4。

程式 5-2　初級兵種類別 LowClassUnit

```
1.  public abstract class LowClassUnit extends Unit {
2.
3.      public LowClassUnit(int x, int y) {
4.          super(5, 2, 35, x, y);
5.      }
6.
7.  }
```

程式 5-3　中級兵種類別 MidClassUnit

```
1.  public abstract class MidClassUnit extends Unit {
2.
3.      public MidClassUnit(int x, int y) {
4.          super(10, 8, 80, x, y);
5.      }
6.
7.  }
```

程式 5-4　進階兵種類別 HighClassUnit

```
1.  public abstract class HighClassUnit extends Unit {
2.
3.      public HighClassUnit(int x, int y) {
4.          super(25, 30, 300, x, y);
5.      }
6.
7.  }
```

如程式 5-2、程式 5-3、程式 5-4 所示，各等級兵種類別都繼承自兵種抽象類別 Unit，它們對應的攻擊力、防禦力及生命力也各不相同，等級越高，其屬性值也越高（當然製造成本也會更高，本例我們不考慮價格屬性）。接下來我們來定義具體的兵種類別，首先是人類兵種的海軍陸戰隊員、變形坦克和巨型戰艦，分別對應初級、中級、進階兵種，請參看程式 5-5、程式 5-6、程式 5-7。

程式 5-5　海軍陸戰隊員類別 Marine

```
1.   public class Marine extends LowClassUnit {
2.
3.       public Marine(int x, int y) {
4.           super(x, y);
5.       }
6.
7.       @Override
8.       public void show() {
9.           System.out.println(" 士兵出現在座標：[" + x + "," + y + "]");
10.      }
11.
12.      @Override
13.      public void attack() {
14.          System.out.println(" 士兵用機關槍射擊，攻擊力：" + attack);
15.      }
16.
17. }
```

程式 5-6　變形坦克類別 Tank

```
1.   public class Tank extends MidClassUnit {
2.
3.       public Tank(int x, int y) {
4.           super(x, y);
5.       }
6.
7.       @Override
8.       public void show() {
9.           System.out.println(" 坦克出現在座標：[" + x + "," + y + "]");
10.      }
11.
12.      @Override
13.      public void attack() {
14.          System.out.println(" 坦克用炮轟擊，攻擊力：" + attack);
15.      }
16.
17. }
```

程式 5-7　巨型戰艦類別 Battleship

```
1.   public class Battleship extends HighClassUnit {
2.
3.       public Battleship(int x, int y) {
4.           super(x, y);
5.       }
6.
7.       @Override
8.       public void show() {
9.           System.out.println(" 戰艦出現在座標：[" + x + "," + y + "]");
10.      }
11.
12.      @Override
13.      public void attack() {
14.          System.out.println(" 戰艦用雷射炮打擊，攻擊力：" + attack);
15.      }
16.
17.  }
```

如程式 5-5、程式 5-6、程式 5-7 所示，我們在第 3 行的構造方法中呼叫了父類別，並初始化了座標屬性，其攻擊力、防禦力和生命力已經在對應等級的父類別裡初始化好了。此外，在程式碼第 8 行與第 13 行我們分別重寫了各兵種的展示方法和攻擊方法，進行行為差異化，比如坦克可以變形增加攻擊力與射程，再比如戰艦攻擊地面目標時用雷射炮，而攻擊空中目標的切換至導彈等，本例我們不做過多延伸，讀者可自行實現。同樣，外星怪獸族對應的初級、中級、進階兵種分別為蟑螂、毒液、猛獁，請參看程式 5-8、程式 5-9、程式 5-10。

程式 5-8　蟑螂類別 Roach

```
1.   public class Roach extends LowClassUnit {
2.
3.       public Roach(int x, int y) {
4.           super(x, y);
5.       }
6.
7.       @Override
8.       public void show() {
9.           System.out.println(" 蟑螂兵出現在座標：[" + x + "," + y + "]");
10.      }
11.
12.      @Override
13.      public void attack() {
14.          System.out.println(" 蟑螂兵用爪子撓，攻擊力：" + attack);
15.      }
```

```
16.
17. }
```

程式 5-9　毒液類別 Poison

```
1.  public class Poison extends MidClassUnit {
2.
3.      public Poison(int x, int y) {
4.          super(x, y);
5.      }
6.
7.      @Override
8.      public void show() {
9.          System.out.println(" 毒液兵出現在座標：[" + x + "," + y + "]");
10.     }
11.
12.     @Override
13.     public void attack() {
14.         System.out.println(" 毒液兵用毒液噴射，攻擊力：" + attack);
15.     }
16.
17. }
```

程式 5-10　猛獁類別 Mammoth

```
1.  public class Mammoth extends HighClassUnit {
2.
3.      public Mammoth(int x, int y) {
4.          super(x, y);
5.      }
6.
7.      @Override
8.      public void show() {
9.          System.out.println(" 猛獁巨獸出現在座標：[" + x + "," + y + "]");
10.     }
11.
12.     @Override
13.     public void attack() {
14.         System.out.println(" 猛獁巨獸用獠牙頂，攻擊力：" + attack);
15.     }
16.
17. }
```

至此，所有兵種類別已定義完畢，程式碼不是難點，重點集中在對兵種的劃分上，橫向劃分族，縱向劃分等級（系列），利用類別的抽象與繼承描繪出所有的遊戲角色以及它們之間的關係，同時避免了不少重複程式碼。

5.3　生產線規劃

既然產品類別的資料模型構建完成，相應的產品生產線也應該建立起來，接下來我們就可以定義這些產品的製造工廠了。我們一共定義了六個兵種產品，那麼每個產品都需要對應一個工廠類別嗎？答案是否定的。本著人類靠科技、怪獸靠繁育的遊戲理念，人類兵工廠自然是高度工業化的，而怪獸的生產一定靠的是母巢繁殖，所以應該將工廠分為兩個種族，並且每個種族工廠都應該擁有三個等級兵種的製造方法。如此規劃不但合理，而且避免了工廠類別泛濫的問題。那麼，首先我們來制定這三個工業製造標準，也就是定義抽象工廠介面，請參看程式 5-11。

程式 5-11　抽象兵工廠介面 AbstractFactory

```
1.  public interface AbstractFactory {
2.
3.      LowClassUnit createLowClass();// 初級兵種製造標準
4.
5.      MidClassUnit createMidClass();// 中級兵種製造標準
6.
7.      HighClassUnit createHighClass();// 進階兵種製造標準
8.  }
```

在程式 5-11 中，抽象兵工廠介面定義了三個等級兵種的製造標準，這意味著子類別工廠必須具備初級、中級、進階兵種的生產能力（類似一個品牌的不同系列生產線）。理解了這一點後，我們就可以定義人類兵工廠與外星母巢的工廠類別實現了，請參看程式 5-12、程式 5-13。

程式 5-12　人類兵工廠 HumanFactory

```
1.  public class HumanFactory implements AbstractFactory {
2.
3.      private int x;// 工廠橫座標
4.      private int y;// 工廠縱座標
5.
6.      public HumanFactory(int x, int y) {
7.          this.x = x;
8.          this.y = y;
9.      }
10.
11.     @Override
12.     public LowClassUnit createLowClass() {
13.         LowClassUnit unit = new Marine(x, y);
14.         System.out.println(" 製造海軍陸戰隊員成功。");
```

```
15.        return unit;
16.    }
17.
18.    @Override
19.    public MidClassUnit createMidClass() {
20.        MidClassUnit unit = new Tank(x, y);
21.        System.out.println("製造變形坦克成功。");
22.        return unit;
23.    }
24.
25.    @Override
26.    public HighClassUnit createHighClass() {
27.        HighClassUnit unit = new Battleship(x, y);
28.        System.out.println("製造巨型戰艦成功。");
29.        return unit;
30.    }
31.
32. }
```

程式 5-13　外星母巢 AlienFactory

```
1.  public class AlienFactory implements AbstractFactory {
2.
3.      private int x;// 工廠橫座標
4.      private int y;// 工廠縱座標
5.
6.      public AlienFactory(int x, int y) {
7.          this.x = x;
8.          this.y = y;
9.      }
10.
11.     @Override
12.     public LowClassUnit createLowClass() {
13.         LowClassUnit unit = new Roach(x, y);
14.         System.out.println("製造蟑螂兵成功。");
15.         return unit;
16.     }
17.
18.     @Override
19.     public MidClassUnit createMidClass() {
20.         MidClassUnit unit = new Poison(x, y);
21.         System.out.println("製造毒液兵成功。");
22.         return unit;
23.     }
24.
25.     @Override
26.     public HighClassUnit createHighClass() {
27.         HighClassUnit unit = new Mammoth(x, y);
28.         System.out.println("製造猛獁巨獸成功。");
```

```
29.           return unit;
30.       }
31.
32. }
```

如程式 5-12、程式 5-13 所示，人類兵工廠與外星母巢分別實現了三個等級兵種的
製造方法，其中前者由低到高分別返回海軍陸戰隊員、變形坦克以及巨型戰艦物
件，後者則分別返回蟑螂兵、毒液兵以及猛獁巨獸物件，生產線規劃非常清晰。
好了，所有兵種與工廠準備完畢，我們可以用用戶端開始模擬遊戲了，請參看程
式 5-14。

程式 5-14　用戶端類別 Client

```
1.  public class Client {
2.
3.      public static void main(String[] args) {
4.          System.out.println(" 遊戲開始……");
5.          System.out.println(" 雙方挖礦存錢……");
6.
7.          // 第一位玩家選擇了人類族
8.          System.out.println(" 工人建造人類族工廠……");
9.          AbstractFactory factory = new HumanFactory(10, 10);
10.
11.         Unit marine = factory.createLowClass();
12.         marine.show();
13.
14.         Unit tank = factory.createMidClass();
15.         tank.show();
16.
17.         Unit ship = factory.createHighClass();
18.         ship.show();
19.
20.         // 第二位玩家選擇了外星怪獸族
21.         System.out.println(" 工蜂建造外星怪獸族工廠……");
22.         factory = new AlienFactory(200, 200);
23.
24.         Unit roach = factory.createLowClass();
25.         roach.show();
26.
27.         Unit poison = factory.createMidClass();
28.         poison.show();
29.
30.         Unit mammoth = factory.createHighClass();
31.         mammoth.show();
32.
33.         System.out.println(" 兩族開始大混戰……");
```

```
34.        marine.attack();
35.        roach.attack();
36.        poison.attack();
37.        tank.attack();
38.        mammoth.attack();
39.        ship.attack();
40.
41.        /*
42.            遊戲開始……
43.            雙方挖礦存錢……
44.            工人建造人類族工廠……
45.            製造海軍陸戰隊員成功。
46.            士兵出現在座標：[10,10]
47.            製造變形坦克成功。
48.            坦克出現在座標：[10,10]
49.            製造巨型戰艦成功。
50.            戰艦出現在座標：[10,10]
51.            工蜂建造外星怪獸族工廠……
52.            製造蟑螂兵成功。
53.            蟑螂兵出現在座標：[200,200]
54.            製造毒液兵成功。
55.            毒液兵出現在座標：[200,200]
56.            製造猛獁巨獸成功。
57.            猛獁巨獸出現在座標：[200,200]
58.            兩族開始大混戰……
59.            士兵用機關槍射擊，攻擊力：6
60.            蟑螂兵用爪子撓，攻擊力：5
61.            毒液兵用毒液噴射，攻擊力：10
62.            坦克用炮轟擊，攻擊力：25
63.            猛獁巨獸用獠牙頂，攻擊力：20
64.            戰艦用雷射炮打擊，攻擊力：25
65.        */
66.    }
67.
68. }
```

如程式 5-14 所示，第一位玩家選擇了人類族，在第 9 行用抽象兵工廠介面引用了人類兵工廠實現，接著呼叫 3 個等級的製造方法分別得到人類族的對應兵種。接著第二位玩家選擇了外星怪獸族，這時將抽象兵工廠介面引用取代為外星母巢實現，此時製造出的兵種變為 3 個等級的外星怪獸族兵種。最後大混戰開始了，呼叫每個兵種的攻擊方法會展示出不同的結果。第 42 行開始的輸出證明所有兵種均製造成功，抽象工廠模式得以發揮作用。此時，如果玩家需要一個新族加入，我們可以在此模式之上去實現一個新的族工廠並實現 3 個等級的製造方法，工廠一經取代即可產出各系列產品兵種，且無須改動現有程式碼，良好的可擴展性一覽無遺，這就是一套擁有完備生產模式的標準化工業系統所帶來的好處。

5.4 分而治之

至此，抽象工廠製造模式已經布局完成，各工廠可以隨時大規模投入生產活動了。當然，我們還可以進一步，再加一個「製造工廠的工廠」來決定具體讓哪個工廠投入生產活動。此時用戶端就無須關心工廠的實例化過程了，直接使用產品就可以了，至於產品屬於哪個族也已經無關緊要，這也是抽象工廠可以被視為「工廠的工廠」的原因，讀者可以自行實踐程式碼。

與工廠方法模式不同，抽象工廠模式能夠應對更加複雜的產品線，它更類似於一種對「工業製造標準」的制定與推行，各工廠實現都遵循此標準來進行生產活動，以工廠類劃分產品線，以製造方法劃分產品系列，達到無限擴展產品的目的。最後我們來看抽象工廠模式的類別結構，如圖 5-4 所示。

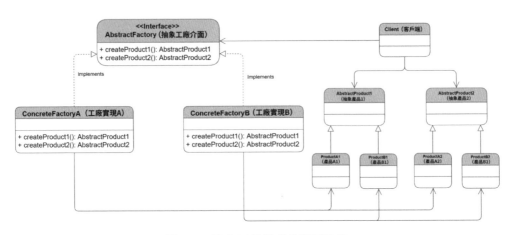

圖 5-4 抽象工廠模式的類別結構

抽象工廠模式的各角色定義如下。

- AbstractProduct1、AbstractProduct2（抽象產品 1、抽象產品 2）：產品系列的抽象類別，圖中一系產品與二系產品分別代表同一產品線的多個產品系列，對應本章常式中的初級、中級、進階兵種抽象類別。

- ProductA1、ProductB1、ProductA2、ProductB2（產品 A1、產品 B1、產品 A2、產品 B2）：繼承自抽象產品的產品實體類別，其中 ProductA1 與 ProductB1 代表 A 族產品與 B 族產品的同一產品系列，類似於本章常式中人類族與外星怪獸族的初級兵種，之後的產品實體類以此類推。

- AbstractFactory（抽象工廠介面）：各族工廠的高層抽象，可以是介面或者抽象類別。抽象工廠對各產品系列的製造標準進行規範化定義，但具體返回哪個族的產品由具體族工廠決定，它並不關心。

- ConcreteFactoryA、ConcreteFactoryB（工廠 A 實現、工廠 B 實現）：繼承自抽象工廠的各族工廠，需實現抽象工廠所定義的產品系列製造方法，可以擴展多個工廠實現。對應本章常式中的人類兵工廠與外星母巢。

- Client（客戶端）：產品的使用者，只關心製造出的產品系列，具體是哪個產品線由工廠決定。

產品雖然繁多，但總有品牌、系列之分。基於此抽象工廠模式以品牌與系列進行全域規劃，將看似雜亂無章的產品規劃至不同的族系，再透過抽象工廠管理起來，分而治之，合縱連橫。需要注意的是，抽象工廠模式一定是基於產品的族系劃分來布局的，其產品系列一定是相對固定的，故以抽象工廠來確立工業製造標準（各產品系列生產介面）。而產品線則可以相對靈活多變，如此一來，我們就可以方便地擴展與取代族工廠，以達到靈活產出各類產品線的目的。

Chapter

6

建造者

建造者模式（Builder）所構建的物件一定是龐大而複雜的，並且一定是按照既定的製造工序將元件組裝起來的，例如電腦、汽車、建築物等。我們通常將負責構建這些大型物件的工程師稱為建造者。建造者模式又稱為生成器模式，主要用於對複雜物件的構建、初始化，它可以將多個簡單的元件物件按順序一步步組裝起來，最終構建成一個複雜的成品物件。與工廠系列模式不同的是，建造者模式的主要目的在於把煩瑣的構建過程從不同物件中抽離出來，使其脫離並獨立於產品類別與工廠類別，最終實現用同一套標準的製造工序能夠產出不同的產品。

6.1 建造步驟的重要性

在開始實戰之前，我們首先得搞清楚建造者面對著什麼樣的產品模型。以典型的角色扮演類網路遊戲為例，在開始遊戲之前玩家通常可以選擇不同的角色。為了讓人物鮮活起來，不同的遊戲角色應該有其獨特的產品特性，如圖 6-1 所示。

圖 6-1　不同的遊戲角色

玩家選定角色後需要對其進行初始化，假設整個過程分三個步驟完成。第一步，玩家需要為角色選擇造型以及分配力量、靈力、體力、敏捷等屬性值，這也是遊戲人設中最為重要的一個環節；第二步，玩家可以為角色配備不同的衣服或鎧甲，低於所需力量值的鎧甲則不能穿戴；第三步，玩家選擇手持的武器與盾牌，它同上一步一樣需要滿足一定的條件。顯然，每個角色都是按照這個流程完成初始化的，否則遊戲就無法進行下去，例如如果在沒有分配角色屬性值的前提下就先進行武器選擇，那麼缺乏力量的角色根本無法配備任何裝備或者武器；如果讓缺少靈力的戰士戴上魔法帽、或是讓力量弱小的法師手持重型武器，就會導致遊戲角色出現不可預知的混亂，如圖 6-2 所示。

圖 6-2　遊戲角色設定混亂

成型的遊戲角色是依靠角色物件、裝備物件組裝而成的，對於這種複雜物件的構建一定要依賴建造者來完成。除此以外，若要避免圖 6-2 所示的混亂情況的發生，建造者的製造過程不僅要分步完成，還要按照順序進行，所以建造者的各製造步驟與邏輯都應該被抽離出來獨立於資料模型，複雜的遊戲角色設定還需交給專業的建造團隊去完成。

6.2　地產開發商的困惑

秉承我們一貫奉行的簡單直觀的宗旨，既然是建造者，我們就以建築物建造為例來進行程式碼實戰。蓋房子可不能開玩笑，為了確保品質，我們絕不能允許豆腐渣工程出現，所以嚴謹的設計與施工流程的把關是不可或缺的，否則可能會房倒屋塌、家毀人亡。首先，建築物本身應該由多個元件組成，且各元件按一定工序建造，缺一不可，如圖 6-3 所示。

圖 6-3　建築物元件

如圖 6-3 所示，建築物的元件建造是相當複雜的，為了簡化其資料模型，我們將組成建築物的模組歸納為 3 個元件，分別是地基、牆體、屋頂，將它們組裝起來就能形成一座建築物，請參看程式 6-1。

程式 6-1　建築物類別 Building

```
1.   public class Building {
2.
3.       // 用 List 來模擬建築物元件的組裝
4.       private List<String> buildingComponents = new ArrayList<>();
5.
6.       public void setBasement(String basement) {// 地基
7.           this.buildingComponents.add(basement);
8.       }
9.
10.      public void setWall(String wall) {// 牆體
11.          this.buildingComponents.add(wall);
12.      }
13.
14.      public void setRoof(String roof) {// 屋頂
15.          this.buildingComponents.add(roof);
16.      }
17.
18.      @Override
19.      public String toString() {
```

```
20.          String buildingStr = "";
21.          for (int i = buildingComponents.size() - 1; i >= 0; i--) {
22.              buildingStr += buildingComponents.get(i);
23.          }
24.          return buildingStr;
25.      }
26.
27. }
```

如程式 6-1 所示，為了模擬建築物類別中各元件的建造工序，我們在第 4 行以 List 承載各元件，模擬複雜物件中各元件的順序組裝。接著在第 6 行、第 10 行、第 14 行分別定義各元件對應的建造方法（set 方法），其中可以看到我們用字串物件 String 來模擬各個元件物件。最後在第 19 行，為了直觀地看到建築物的建造情況，我們重寫了 toString() 方法，按從大到小的元件索引順序組裝各元件，後組裝的元件應先展示出來，如屋頂應該首先輸出，以此類推。

這個建築物類別的內部構造看起來稍微有點複雜（實際應用中會更複雜），怎樣才能用這個複雜的類別構建出一個房子物件呢？首先應該呼叫哪個建造方法才能保證正確的建造工序，而不至於屋頂在下面，地基卻跑到天上去呢？地基、牆體、屋頂⋯這些元件要去哪裡找，如何建造？地產開發商（用戶端）感到十分困惑，一頭霧水。

6.3　建築施工方

組建專業的建築施工團隊對建築工程專案的實施至關重要，於是地產開發商決定透過招標的方式來選擇施工方。招標大會上有很多建築公司來投標，他們各有各的房屋建造資質，有的能建別墅，有的能建多層公寓，還有能力更強的能建摩天大樓，建造工藝也各有區別。但無論如何，開發商規定施工方都應該至少具備三大元件的建造能力，於是施工標準公布出來了，請參看程式 6-2。

程式 6-2　施工方介面 Builder

```
1.  public interface Builder {
2.
3.      public void buildBasement();
4.
5.      public void buildWall();
6.
7.      public void buildRoof();
```

```
8.
9.      public Building getBuilding();
10.
11. }
```

如程式 6-2 所示，施工方介面規定了三個施工標準，它們分別對應建造地基、建造
牆體以及建造屋頂，另外，第 9 行還定義了一個獲取建築物的介面 getBuilding()，
以供產品的交付。接著，開發商按此標準啟動了招標工作，一個別墅施工方得標，
請參看程式 6-3。

程式 6-3　別墅施工方類別 HouseBuilder

```
1.  public class HouseBuilder implements Builder {
2.
3.      private Building house;
4.
5.      public HouseBuilder() {
6.          house = new Building();
7.      }
8.
9.      @Override
10.     public void buildBasement() {
11.         System.out.println(" 挖地基，部署管道、纜線，水泥強化，搭建圍牆、花園。");
12.         house.setBasement(" ┼┼┼┼┼┼┼┼ \n");
13.     }
14.
15.     @Override
16.     public void buildWall() {
17.         System.out.println(" 搭建木質框架，石膏板封牆並粉飾內外牆。");
18.         house.setWall(" | 田 | 田 田 |\n");
19.     }
20.
21.     @Override
22.     public void buildRoof() {
23.         System.out.println(" 建造木質屋頂、閣樓，安裝煙囪，做好防水。");
24.         house.setRoof(" /◥◣▐ ▌ \n");
25.     }
26.
27.     @Override
28.     public Building getBuilding() {
29.         return house;
30.     }
31.
32. }
```

如程式 6-3 所示，這個別墅施工方看起來有很高的施工水準，對別墅的建造工藝看起來十分考究。不管是建造地基（第 10 行）、建造牆體（第 16 行），還是建造屋頂（第 22 行），別墅施工方都能做到，完全符合開發商公布的施工標準。接下來開發商又考察了一個多層公寓施工方，請參看程式 6-4。

程式 6-4　多層公寓施工方類別 ApartmentBuilder

```
1.   public class ApartmentBuilder implements Builder {
2.
3.       private Building apartment;
4.
5.       public ApartmentBuilder() {
6.           apartment = new Building();
7.       }
8.
9.       @Override
10.      public void buildBasement() {
11.          System.out.println(" 深挖地基，修建地下車庫，部署管道、纜線、風道。");
12.          apartment.setBasement(" ⌐————————————⌐ \n");
13.      }
14.
15.      @Override
16.      public void buildWall() {
17.          System.out.println(" 搭建多層建築框架，建造電梯井，鋼筋混凝土澆灌。");
18.          for (int i = 0; i < 8; i++) {// 此處假設固定 8 層
19.              apartment.setWall(" | □ □ □ □ | \n");
20.          }
21.      }
22.
23.      @Override
24.      public void buildRoof() {
25.          System.out.println(" 封頂，部署通風井，做防水層，保溫層。");
26.          apartment.setRoof(" ⌐————————————⌐ \n");
27.      }
28.
29.      @Override
30.      public Building getBuilding() {
31.          return apartment;
32.      }
33.
34.  }
```

如程式 6-4 所示，多層公寓施工方成功得標，它同別墅施工方一樣符合開發商公布的施工標準，但施工方法實現上大相逕庭，例如第 10 行建造地基方法實現 buildBasement() 中地基挖得比較紮實，以及第 16 行建造牆體方法 buildWall() 中進行的迭代施工，這裡建造的應該是一梯四戶（4 個窗戶）的 8 層（循環 8 次）公寓樓，其建造工藝與別墅施工方有很大不同。

6.4 工程總監

雖然施工方再三保證建築物三大元件的施工品質，但開發商還是不放心，因為施工方畢竟只負責做事，施工流程無法得到控制。為了解決這個問題，開發商又招聘了一個專業的工程總監來做監理工作，他親臨施工現場指導施工，並掌控整個施工流程，請參看程式 6-5。

程式 6-5 工程總監類別 Director

```
1.  public class Director {// 工程總監
2.
3.      private Builder builder;
4.
5.      public Director(Builder builder) {
6.          this.builder = builder;
7.      }
8.
9.      public void setBuilder(Builder builder) {
10.         this.builder = builder;
11.     }
12.
13.     public Building direct() {
14.         System.out.println("===== 工程啟動 =====");
15.         // 第一步，打好地基
16.         builder.buildBasement();
17.         // 第二步，建造框架、牆體
18.         builder.buildWall();
19.         // 第三步，封頂
20.         builder.buildRoof();
21.         System.out.println("===== 工程竣工 =====");
22.         return builder.getBuilding();
23.     }
24.
25. }
```

如程式 6-5 所示，工程總監的角色就像電影製作中的導演一樣，他從宏觀上管理項目並指導整個施工隊的建造流程。在程式碼第 13 行的指導方法中，我們依次呼叫施工方的打地基方法 buildBasement()、建造牆體方法 buildWall() 及建築物封頂方法 buildRoof()，確保了建築物自下而上的建造工序。可以看到，施工方是在第

9 行由外部注入的，所以工程總監並不關心是哪個施工方來造房子，更不關心施工方有什麼樣的建造工藝，但他能確保對施工工序的絕對把控，也就是說，工程總監只控制施工流程。

 這裡我們對工程總監 direct 的指導方法進行了簡化，實際應用中的建造流程也許會更加複雜，且組裝各個元件的流程有相對固定的邏輯，所以可以從施工方的建造方法中抽離出來並固化在 director 類別中。

6.5　專案實施

至此招標工作結束，一切準備就緒，所有專案關係人（施工方、工程總監）都已就位，可以開始組建專案團隊並啟動專案了。我們來看開發商如何拿到產品，請參看程式 6-6。

程式 6-6　開發商用戶端類別 Client

```
1.   public class Client {
2.
3.       public static void main(String[] args) {
4.           // 組建別墅施工隊
5.           Director director = new Director(new HouseBuilder());
6.           System.out.println(director.direct());
7.
8.           // 取代施工隊，建造公寓
9.           director.setBuilder(new ApartmentBuilder());
10.          System.out.println(director.direct());
11.      }
12.
13. }
```

如程式 6-6 所示，開發商首先在第 5 行組建了別墅施工隊並安排給工程總監進行管理，之後呼叫其指導方法拿到別墅產品。接著開發商在第 9 行將工程總監管理的施工隊取代為多層公寓施工方，最終拿到一棟八層公寓，執行結果如圖 6-4 所示。

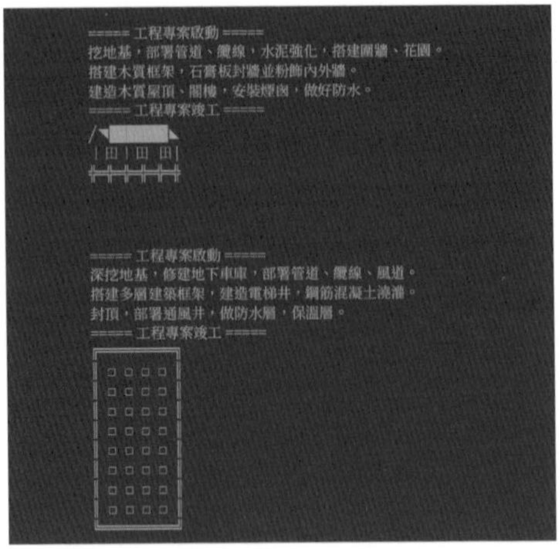

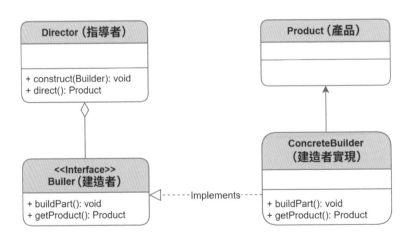

圖 6-4　執行結果

6.6　工藝與工序

專案團隊將建築物產品交付給開發商，專案終於順利竣工。施工方介面對施工標準的抽象化、標準化使建造者（施工方）的建造品質達到既定要求，且使各建造者的建造「工藝」能夠個性化、多型化。此外，工程總監將工作流程抽離出來獨立於建造者，使建造「工序」得到統一把控。最終，各種建築產品都得到了業主的認可，成功離不開團隊的共同協作與努力，請參看建造者模式的類別結構，如圖 6-5 所示。

圖 6-5　建造者模式的類別結構

建造者模式的各角色定義如下。

- Product（產品）：複雜的產品類別，構建過程相對複雜，需要其他元件組裝而成。對應本章常式中的建築物類別。

- Builder（建造者）：建造者介面，定義了構成產品的各個元件的構建標準，通常有多個步驟。對應本章常式中的施工方介面。

- ConcreteBuilder（建造者實現）：具體的建造者實現類別，可以有多種實現，負責產品的組裝但不包含整體建造邏輯。對應本章常式中的別墅施工方類別與多層公寓施工方類別。

- Director（指導者）：持有建造者介面引用的指導者類別，指導建造者按一定的邏輯進行建造。對應本章常式中的工程總監類別。

複雜物件的構建顯然需要專業的建造團隊，建造標準的確立讓產品趨向多樣化，其建造工藝可以交給多位建造者去各顯其長，而建造工序則交由工程總監去全域把控，把「變」與「不變」分開，使「工藝多樣化」「工序標準化」，最終實現透過相同的構建過程生產出不同產品，這也是建造者模式要達成的目標。

結構篇

門面模式（Facade）可能是最簡單的結構型設計模式，它能將多個不同的子系統介面封裝起來，並對外提供統一的高層介面，使複雜的子系統變得更易使用。顧名思義，「門」可以理解為建築物的入口，而「面」則通常指物體的外層表面，比如人臉，如圖 7-1 所示。

圖 7-1　門與面

無論是「門」還是「面」，都是指某系統的外觀部分，也就是與外界接觸的臨介面或介面，所以門面模式常常也被翻譯為「外觀模式」。利用門面模式，我們可以把多個子系統「關」在門裡面隱藏起來，成為一個整合在一起的大系統，來自外部的存取只需透過這道「門面」（介面）來進行，而不必再關心門面背後隱藏的子系統及其如何運轉。總之，無論門面內部如何錯綜複雜，從門面外部看來總是一目了然，使用起來也很簡單。

7.1　一鍵操作

為了更具體地理解門面模式，我們先來看一個例子。早期的相機使用起來是非常麻煩的，拍照前總是要根據場景情況進行一系列複雜的操作，如對焦、調整閃光燈、調光圈等，非專業人士面對這麼一大堆的操作按鈕根本無從下手，拍出來的照片品質也不佳。隨著科技的進步，出現了一種相機，叫作「傻瓜相機」，以形容其使用起來的方便性。使用者再也不必學習那些複雜的參數設定了，只要按下快門鍵就可完成所有操作，如圖 7-2 所示。

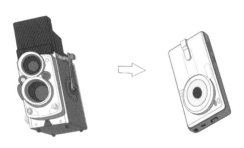

圖 7-2　相機的發展

顯然圖 7-2 右側的「傻瓜相機」使用起來方便得多。它對龐大複雜的子系統進行了二次封裝，把原本複雜的操作介面全都隱藏起來，並在內部加入邏輯使各參數在拍照前進行自動設定，最終只為外界提供一個簡單方便的快門按鍵，讓使用者能夠「一鍵操作」。如此不但可以防止非專業使用者的各種誤操作，而且大大提高了使用者的拍照效率。在我們的生活中還有很多這樣的例子，如自動排檔汽車對離合及換檔操作的封裝，再如全自動洗衣機對浸泡、洗滌、烘乾、脫水等一系列操作的封裝，像這種「一鍵操作」式的設計都與門面模式的理念如出一轍。

7.2　親自下廚的煩擾

既然我們講的是門面模式，那麼以「商鋪門面」的例子進行程式碼實戰最貼切不過了。對很多人來說，做飯這件事情可能並不簡單，所以往往會選擇外食或者吃泡麵，如果要親自下廚的話就免不了一番折騰。首先得買菜、洗菜、切菜，然後進行蒸、煮、炒、炸等烹飪過程，最後還得收拾殘局，清理碗筷。假設某天小明決定親自下廚，但因不會做菜所以請妹妹幫忙。我們將步驟簡化為以下三步，首先小明找菜販買菜，然後找妹妹做菜，最後親自洗碗，具體步驟如圖 7-3 所示。

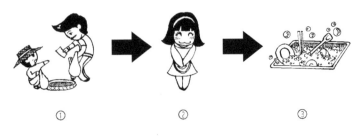

圖 7-3　做飯的步驟

計劃實施起來應該不難，我們開始程式碼實戰。首先我們定義蔬菜商類別完成第 1 步，然後讓妹妹作為廚師類別完成第 2 步，最後小明作為用戶端類別進行全域操控並完成第 3 步，請參看程式 7-1、程式 7-2 和程式 7-3。

程式 7-1　蔬菜商類別 VegVendor

```
1.  public class VegVendor {
2.
3.      public void purchase(){
4.          System.out.println(" 供應蔬菜……");
5.      }
6.
7.  }
```

程式 7-2　廚師類別 Helper

```
1.  public class Helper {
2.
3.      public void cook(){
4.          System.out.println(" 下廚烹飪……");
5.      }
6.
7.  }
```

程式 7-3　用戶端類別 Client

```
1.  public class Client{
2.
3.      public void eat(){
4.          System.out.println(" 開始用餐……");
5.      }
6.
7.      public void wash(){
8.          System.out.println(" 洗碗……");
```

```
9.       }
10.
11.     public static void main(String[] args) {
12.         // 找蔬菜商買菜
13.         VegVendor vegVendor = new VegVendor();
14.         vegVendor.purchase();
15.         // 找妹妹下廚
16.         Helper sister = new Helper();
17.         sister.cook();
18.         // 用戶端用餐
19.         Client client = new Client();
20.         client.eat();
21.         // 最後還得洗碗，確實有點麻煩
22.         client.wash();
23.     }
24. }
```

如程式 7-1 和程式 7-2 所示，蔬菜商類別定義供應蔬菜方法，廚師類別則定義下廚烹飪方法，程式碼沒有任何難度。我們主要來看程式 7-3，小明從第 13 行依次找蔬菜商買菜，再找妹妹下廚，用完餐後小明洗碗收工。程式碼看起來雖不複雜，但這一頓飯下來夠累人的，不但驚擾四方，還要自己親自擦桌洗碗，但無論換作誰都要經歷這一番操作。如果烹飪方法再複雜一些，再加上用戶端對各子系統的操作不當，說不定一頓豐盛的大餐會成為黑暗料理，如圖 7-4 所示。

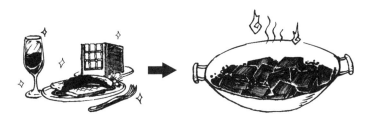

圖 7-4　黑暗料理

理想是美好的，可現實總是殘酷的，一系列複雜的操作過程並不像我們想像的那麼簡單。小明發現，任何事都親力親為的做法可能並不合適，難道其他使用者也要像小明一樣瞻前顧後、折騰一番？這顯然會造成程式碼冗餘。專業的事情還是應該交給專業的人去完成，他們會把這些子系統的操作過程封裝起來，再以更為便捷的方式提供給使用者使用。

7.3　化繁為簡

在一些商業區，門面店鋪總是聚集在人流量大的地方，而且店門口霓虹閃爍、招牌醒目，訪問的便利性使顧客更加願意購買這些商家所提供的產品與服務，這也是一個好的門面總能夠招攬更多顧客的原因。以餐廳為例，如圖 7-5 所示，為了享受可口的飯菜與優質的服務，小明決定直接造訪這家店。

圖 7-5　商鋪的門面

為了達到高效、便捷的目的，門面會統一對子系統進行整合與調度，至於它對蔬菜商、廚師或服務生等子系統是如何操作的，使用者都不必了解。我們對程式碼進行改造，建立外觀門面類別，請參考程式 7-4。

程式 7-4　外觀門面類別 Facade

```
1.   public class Facade {
2.
3.       private VegVendor vegVendor;
4.       private Chef chef;
5.       private Waiter waiter;
6.       private Cleaner cleaner;
7.
8.       public Facade() {
9.           this.vegVendor = new VegVendor();
10.          // 開門前就找蔬菜商準備好蔬菜
11.          vegVendor.purchase();
12.          // 僱傭廚師
13.          this.chef = new Chef();
14.          // 僱傭服務生
15.          this.waiter = new Waiter();
16.          // 僱傭清潔工、洗碗工等
17.          this.cleaner = new Cleaner();
18.      }
19.
20.      public void order(){
```

```
21.        // 接待，入座，點菜
22.        waiter.order();
23.        // 找廚師做飯
24.        chef.cook();
25.        // 上菜
26.        waiter.serve();
27.        // 收拾桌子，洗碗，以及其他操作
28.        cleaner.clean();
29.        cleaner.wash();
30.     }
31. }
```

如程式 7-4 所示，外觀門面類別內部封裝了大量的子系統資源，如蔬菜商、廚師、
服務生、洗碗工，並於第 8 行的構造方法中依次對各個子系統進行了初始化操
作，也就是說餐廳在開門前需要提前準備好這些資源，以便在第 20 行的點菜方法
order() 中進行依次調度。

需要注意的是，我們對外觀門面類別進行了一定的程式碼簡化，在實際場景中可
能還會包含一些更加複雜的邏輯，這也是餐飲門面要對子系統及其調度進行封裝
的原因，化繁為簡的一站式服務才能解放使用者的雙手。至此，小明再也不必每
日為解決吃飯問題而苦惱了，使用者要做的只是登門訪問，呼叫其 order() 方法即
可享受現成可口的飯菜了，操作變得簡單而優雅。

7.4　整合共享

門面模式不但重要，而且其應用也非常廣泛，如在軟體專案中，我們做多表資料
更新時，業務邏輯層（Service 層）對資料存取層（DAO 層）的呼叫可能包含多個
步驟，除此之外還要進行事務處理，最終統一對外提供一個 update() 方法，如此
一來上層（如控制器 Controller 層）便可一步呼叫。軟體模組應該只專注於各自擅
長的領域，合理明確的分工模式才能更好地整合與共享資源。這正是門面模式所
解決的問題，其中外觀門面類別對子系統的整合與共享可以確保使用者存取的便
利性，作為核心模組，其重要性不言而喻，請參看門面模式的類別結構，如圖 7-6
所示。

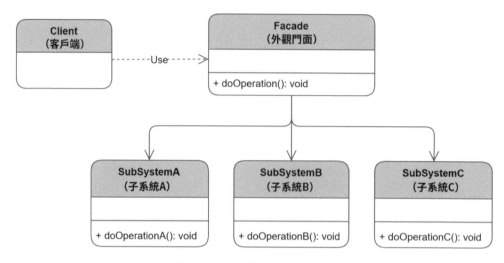

圖 7-6　門面模式的類別結構

門面模式的各角色定義如下。

- Facade（外觀門面）：封裝了多個子系統，並將它們整合起來對外提供統一的存取介面。

- SubSystemA、SubSystemB、SubSystemC（子系統 A、子系統 B、子系統 C）：隱藏於門面中的子系統，數量任意，且對外部不可見。對應本章常式中的蔬菜商類別、廚師類別、服務生類別等。

- Client（客戶端）：門面系統的使用方，只存取門面提供的介面。

對用戶端這種「門外漢」來說，直接使 8-2 用子系統是複雜而繁瑣的，門面則充當了包裝類別的角色，對子系統進行整合，再對外暴露統一介面，使其結構內繁外簡，最終達到資源共享、簡化操作的目的。從另一方面講，門面模式也降低了用戶端與子系統之間的依賴度，高內聚才能低耦合。

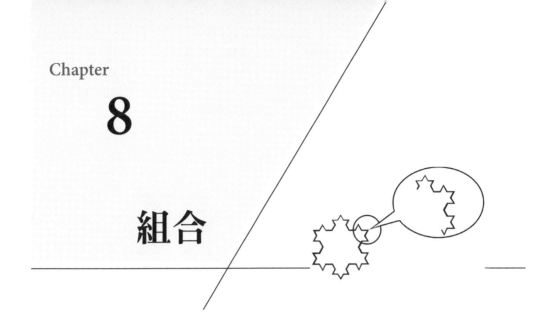

Chapter

8

組合

組合模式（Composite）是針對由多個節點物件（部分）組成的樹形結構的物件（整體）而發展出的一種結構型設計模式，它能夠使用戶端在操作整體物件或者其下的每個節點物件時做出統一的回應，保證樹形結構物件使用方法的一致性，使用戶端不必關注物件的整體或部分，最終達到物件複雜的層次結構與用戶端解耦的目的。

8.1 叉樹結構

在現實世界中，某些具有從屬關係的事物之間存在著一定的相似性。大家一定見過蕨類植物的葉子吧。如圖 8-1 所示，從宏觀上看，這只是一片普通的葉子，當繼續觀察其中一個分支的時候，我們會發現這個分支其實又是一片全新的葉子，當我們再繼續觀察這片新葉子的一個分支的時候，又會得到相同的結果。

圖 8-1　蕨類植物的葉子

因此，我們可以得出結論，不管從哪個層級觀察這片葉子，我們都會得到一個固定的結構，這意味著組成植物葉子的部分或整體都有著相同的生長方式，這正是孢子植物的 DNA 特徵。大自然中存在的這種奇妙的結構在人類文明中同樣有大量應用，例如文字就具有類似的結構，如圖 8-2 所示，字可以組成詞，詞組成句子，句子再組成段落、章節……直至最終成書。

圖 8-2　文字組合

這種結構類似於經典的「叉樹」結構。以最簡單的「二叉樹」為例，此結構始於其開端的「根」節點，往下分出來兩個「枝」節點（左右兩個節點），接著每個枝節點又可以繼續「分枝」，直至其末端的「葉」節點為止，具體結構請參看圖8-3。

不管是二叉樹還是多叉樹，道理都是一樣的。無論資料元素是「根」「枝」，還是「葉」，甚至是整體的樹，都具有類似的結構。具體來講，除了葉節點沒有子節點，其他節點都具有本級物件包含多個次級子物件的結構特徵。所以，我們完全沒有必要為每個節點物件定義不同的類別（如為字、詞、句、段、節、章……等每個節點都定義一個類別），否則會造成程式碼冗餘。我們可以用組合模式來表達「部分 / 整體」的層次結構，提取並抽象其相同的部分，特殊化其不同的部分，以提高系統的可重用性與可擴展性，最終達到以不變應萬變的目的。

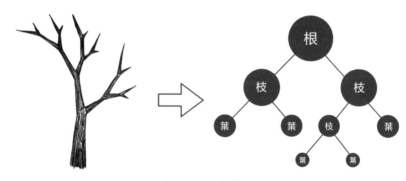

圖 8-3　二叉樹

8.2　檔案系統

透過對叉樹結構的觀察，我們發現，無論拿出哪一個「部分」，其與「整體」的結構都是類似的，所以首先我們需要模糊根、枝、葉之間的差異，以實現節點的統一。現在開始程式碼實戰部分，我們就以類似於樹結構的檔案系統的目錄結構為例，如圖 8-4 所示。

圖 8-4　檔案系統的目錄結構

檔案系統從根目錄「C:」開始，底下可以包含「資料夾」或者「檔案」，其中資料夾屬於「枝」節點，其下級可以繼續存放子資料夾或檔案，而檔案則屬於「葉」節點，其下級不再有任何子節點。基於此前的分析，我們可以定義一個抽象的「節點」類別來模糊「資料夾」與「檔案」，請參看程式 8-1。

程式 8-1　抽象節點類別 Node

```
1.  public abstract class Node {
2.      protected String name;// 節點命名
3.
4.      public Node(String name) {// 構造方法需傳入節點名
5.          this.name = name;
6.      }
7.
8.      // 添加下級子節點方法
9.      protected abstract void add(Node child);
10. }
```

75

如程式 8-1 所示，資料夾或檔案都有一個名字，所以在第 4 行的構造方法中接收並初始化在第 2 行已定義的節點名，否則不允許節點被建立，這也是可以固化下來的邏輯。對於如何實現程式碼第 9 行中的添加子節點方法 add(Node child) 暫時還不能確定，所以我們宣告其為抽象方法，模糊此行為並留給子類別去實現。需要注意的是，對於抽象節點類別 Node 的抽象方法其實還可以更加豐富，例如「刪除節點」「獲取節點」等，這裡為了簡化程式碼只宣告了「添加節點」方法。接著，就來實現資料夾類別，此類別肩負著確立樹形結構的重任，這也是組合模式資料結構的精髓所在，請參看程式 8-2。

程式 8-2　資料夾類別 Folder

```
1.   public class Folder extends Node{
2.       // 資料夾可以包含子節點（子資料夾或者檔案）
3.       private List<Node> childrenNodes = new ArrayList<>();
4.
5.       public Folder(String name) {
6.           super(name);// 呼叫父類別的構造方法
7.       }
8.
9.       @Override
10.      protected void add(Node child) {
11.          childrenNodes.add(child);// 可以添加子節點
12.      }
13.  }
```

如程式 8-2 所示，首先，資料夾類別繼承了抽象節點類別 Node，並在第 3 行定義了一個次級節點列表 List<Node>，此處的泛型 Node 既可以是資料夾又可以是檔案，也就是說，資料夾下級可以包含任意多個資料夾或者檔案。然後，程式碼第 5 行中的構造方法直接呼叫父類別的構造方法，以初始化其資料夾名。最後，在第 10 行實現了添加子節點方法 add(Node child)，將傳入的子節點添加至次級節點列表 List<Node> 中。對於「葉」節點檔案類別，其作為末端節點，不應該具備添加子節點的功能，我們來看如何定義檔案類別，請參看程式 8-3。

程式 8-3　檔案類別 File

```
1.   public class File extends Node{
2.
3.       public File(String name) {
4.           super(name);
5.       }
6.
```

```
7.      @Override
8.      protected void add(Node child) {
9.          System.out.println(" 不能添加子節點。");
10.     }
11. }
```

如程式 8-3 所示，除了第 8 行的添加子節點方法 add(Node child)，檔案類別與資料夾類別的程式碼大同小異。如之前提到的，檔案屬於「葉」節點，不能再將這種結構延續下去，所以我們在第 9 行輸出一個錯誤訊息，告知使用者「不能添加子節點」。其實更好的方式是以拋出異常的形式來確保此處邏輯的正確性，外部如果捕獲到該異常則可以做出相應的處理，讀者可以自行實踐。一切就緒，使用者就可以構建目錄樹了。我們來看用戶端類別怎樣添加節點，請參看程式 8-4。

程式 8-4　用戶端類別 Client

```
1.  public class Client {
2.      public static void main(String[] args) {
3.          Node driveD = new Folder("D 槽 ");
4.
5.          Node doc = new Folder(" 檔案 ");
6.          doc.add(new File(" 簡歷 .doc"));
7.          doc.add(new File(" 專案介紹 .ppt"));
8.
9.          driveD.add(doc);
10.
11.         Node music = new Folder(" 音樂 ");
12.
13.         Node jay = new Folder(" 周杰倫 ");
14.         jay.add(new File(" 雙截棍 .mp3"));
15.         jay.add(new File(" 告白氣球 .mp3"));
16.         jay.add(new File(" 聽媽媽的話 .mp3"));
17.
18.         Node jack = new Folder(" 張學友 ");
19.         jack.add(new File(" 吻別 .mp3"));
20.         jack.add(new File(" 一千個傷心的理由 .mp3"));
21.
22.         music.add(jay);
23.         music.add(jack);
24.
25.         driveD.add(music);
26.     }
27. }
```

如程式 8-4 所示，正如我們規劃檔案時常做的操作，第 3 行中使用者以「D 槽」資料夾作為根節點構建了目錄樹，接著從第 5 行開始建立了「檔案」和「音樂」兩個資料夾作為「枝」節點，再將相應類型的檔案分別置於相應的目錄下，其中對音樂檔案多加了一級資料夾來區分歌手，以便日後分類管理、尋找。如此一來，只要能持有根節點物件「D 槽」，就能延伸出整個目錄。

8.3　目錄樹展示

目錄樹雖已構建完成，但要體現出組合模式的優勢還在於如何運用這個樹結構。假如使用者現在要查看目前根目錄下的所有子目錄及檔案，這就需要分級展示整棵目錄樹，正如 Windows 系統的「tree」指令所實現的，如圖 8-5 所示。

```
C:\Program Files\internet explorer>tree /f
C:.
    ExtExport.exe
    hmmapi.dll
    iediagcmd.exe
    ieinstal.exe
    ielowutil.exe
    IEShims.dll
    iexplore.exe
    sqmapi.dll

├─en-US
        hmmapi.dll.mui

├─images
        bing.ico

├─SIGNUP
        install.ins

└─zh-CN
        ieinstal.exe.mui
        iexplore.exe.mui
```

圖 8-5　用 tree 指令查看目錄樹

要模擬這種樹形展示方式，我們就得在輸出節點名稱（資料夾名 / 檔案名）之前加上數個空格以表示不同層級，但具體加幾個空格還是個未知數，需要根據具體的節點級別而定。而作為抽象節點類別則不應考慮這些細節，而應先把這個未知數作為參數變數傳入，我們來修改抽象節點類別 Node 並加入展示方法，請參看程式 8-5。

程式 8-5　抽象節點類別 Node

```
1.  public abstract class Node {
2.      protected String name;// 節點命名
3.
4.      public Node(String name) {// 構造方法需傳入節點名
5.          this.name = name;
6.      }
7.
8.      // 添加下級子節點方法
9.      protected abstract void add(Node child);
10.
11.     protected void tree(int space){
12.         for (int i = 0; i < space; i++) {
13.             System.out.print("   ");// 先循環輸出 space 個空格
14.         }
15.         System.out.println(name);// 接著再輸出自己的名字
16.     }
17. }
```

如程式 8-5 所示，我們在第 11 行實現了以接收空格數量 space 為傳入參數的展示方法 tree(int space)，其中的循環體會輸出 space 個連續的空格，最後再輸出節點名稱。因為此處是抽象節點類別的實體方法，所以要保持其通用性。我們抽離出所有節點「相同」的部分作為「公有」的程式碼區塊，而「不同」的行為部分則留給子類別去實現。首先來看檔案類別如何實現，請參看程式 8-6。

程式 8-6　檔案類別 File

```
1.  public class File extends Node{
2.
3.      public File(String name) {
4.          super(name);
5.      }
6.
7.      @Override
8.      protected void add(Node child) {
9.          System.out.println(" 不能添加子節點。");
10.     }
11.
12.     @Override
13.     public void tree(int space){
14.         super.tree(space);
15.     }
16. }
```

如程式 8-6 所示，作為末端節點的檔案類別只需要輸出 space 個空格再加上自己的名稱即可，這裡與父類別的展示方法 tree(int space) 應該保持一致，所以我們在第 14 行直接呼叫父類別的展示方法。其實檔案類別可以不做任何修改，而是直接繼承父類別的展示方法，此處是為了讓讀者更清晰直觀地看到這種繼承關係，同時方便後續做出其他修改。接下來的資料夾類別就比較特殊了，它不僅要先輸出自己的名字，還要換行再逐個輸出子節點的名字，並且要保證空格逐級遞增，請參看程式 8-7。

程式 8-7　資料夾類別 Folder

```
1.   public class Folder extends Node{
2.       // 資料夾可以包含子節點（子資料夾或者檔案）
3.       private List<Node> childrenNodes = new ArrayList<>();
4.
5.       public Folder(String name) {
6.           super(name);// 呼叫父類別「節點」的構造方法命名
7.       }
8.
9.       @Override
10.      protected void add(Node child) {
11.          childrenNodes.add(child);// 可以添加子節點
12.      }
13.
14.      @Override
15.      public void tree(int space){
16.          super.tree(space);// 呼叫父類別通用的 tree 方法列出自己的名字
17.          space++;// 在循環的子節點前，空格數要加 1
18.          for (Node node : childrenNodes) {
19.              node.tree(space);// 呼叫子節點的 tree 方法
20.          }
21.      }
22.  }
```

如程式 8-7 所示，同樣，資料夾類別也重寫並覆蓋了父類別的 tree() 方法，並且在第 16 行呼叫父類別的通用 tree() 方法輸出本資料夾的名字。接下來的邏輯就非常有意思了，對於下一級的子節點我們需要依次輸出，但前提是要把目前的空格數加 1，如此一來子節點的位置會往右偏移一格，這樣才能看起來像樹形結構一樣錯落有致。可以看到，在第 19 行的循環體中我們直接呼叫了子節點的展示方法並把「加 1」後的空格數傳遞給它即可完成展示。至於目前資料夾下的子節點到底是「資料夾」還是「檔案」，我們完全不必操心，因為子節點們會使用自己的展示邏輯。如果它們還有下一級子節點，則與此處邏輯相同，繼續循環，把逐級遞增

的空格數傳遞下去，直至抵達葉節點為止──始於「資料夾」而終於「檔案」，
非常完美的遞迴邏輯。

最後，用戶端在任何一級節點上只要呼叫其展示方法並傳入目前目錄所需的空格
偏移量，就可出現樹形列表了，比如若要緊靠控制台左側展示，用戶端則需要以
「0」作為偏移量呼叫根目錄的展示方法 tree(0)，輸出結果如圖 8-6 所示。

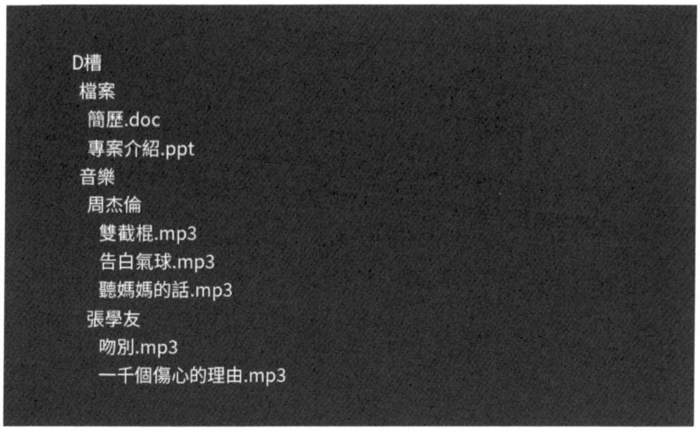

圖 8-6　輸出結果

需要注意的是，空格偏移量這個必傳參數可能讓使用者非常困惑，或許我們可以
為抽象節點類別添加一個無參的展示方法「tree()」，在其內部呼叫「tree(0)」，
如此一來就不再需要使用者傳入偏移量了，使用起來更加方便。請參看程式 8-8
的抽象節點類別在第 19 行做出的改進。

程式 8-8　抽象節點類別 Node

```
1.   public abstract class Node {
2.       protected String name;// 節點命名
3.
4.       public Node(String name) {// 構造方法需傳入節點名
5.           this.name = name;
6.       }
7.
8.       // 增加後續子節點方法
9.       protected abstract void add(Node child);
10.
11.      protected void tree(int space){
12.          for (int i = 0; i < space; i++) {
13.              System.out.print("  ");// 先循環輸出 space 個空格
14.          }
```

```
15.            System.out.println(name);// 接著再輸出自己的名字
16.        }
17.
18.        // 無參重載方法，預設從第 0 列開始展示
19.        protected void tree(){
20.            this.tree(0);
21.        }
22. }
```

8.4　自相似性的湧現

組合模式將樹形結構的特點發揮得淋漓盡致，作為最高層級抽象的抽象節點類別
（介面）泛化了所有節點類別，使任何「整體」或「部分」達成統一，枝（根）
節點與葉節點的多型化實現以及組合關係進一步勾勒出的樹形結構，最終使用戶
操作一觸即發，由「根」到「枝」再到「葉」，逐級遞迴，自動生成。我們來看
組合模式的類別結構，如圖 8-7 所示。

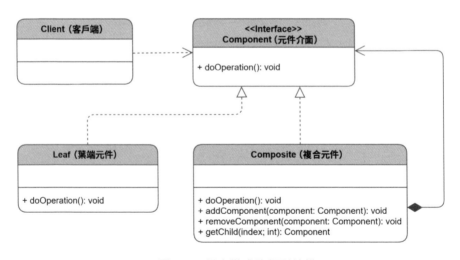

圖 8-7　組合模式的類別結構

組合模式的各角色定義如下。

- Component（元件介面）：所有複合節點與葉節點的高層抽象，定義出需要對
  元件操作的介面標準。對應本章常式中的抽象節點類別，具體使用介面還是
  抽象類別需根據具體場景而定。

- Composite（複合元件）：包含多個子元件物件（可以是複合元件或葉端元件）的複合型元件，並實現元件介面中定義的操作方法。對應本章常式中作為「根節點 / 枝節點」的資料夾類別。

- Leaf（葉端元件）：不包含子元件的終端元件，同樣實現元件介面中定義的操作方法。對應本章常式中作為「葉節點」的檔案類別。

- Client（客戶端）：按所需的層級關係部署相關物件並操作元件介面所定義的介面，即可遍歷樹結構上的所有元件。

冥冥之中，大自然好像存在著某種神秘的規律，類似的結構總是在重複、迭代地顯現出某種自似性。大到連綿的山川、飄浮的雲朵、岩石的斷裂口，小到樹冠、雪花，甚至是人類的大腦皮層……自然界中很多事物無不體現出分形理論的神秘，其部分與整體一致的呈現與「組合模式」如出一轍。

「一花一世界，一葉一菩提」。世界是紛繁複雜的，然而繁雜中有序，從道家哲學的「道生一」到「三生萬物」，從二進位制的「0 和 1」到龐雜的軟體系統，再從單細胞的生物到進階動物，「分形理論」無不揭示出事物的規律，其部分與整體的結構特徵總是以相似的形式呈現，分形理論如此，組合模式亦是如此。

隱藏於海岸線中的秘密

1967 年，Mandelbrot 在美國的《科學》雜誌上發表了名為《英國的海岸線有多長？統計自相似性和分數維度》的著名論文，文中以測量英國的海岸線作為研究課題並得出結論。精準測量海岸線的長度遠遠比我們想像的複雜，大到一塊石頭，小到一顆沙粒都要進行測量。然而當你把 100 公里長的海岸線放大 10 倍後，會發現結果驚人地相似，這說明海岸線擁有在形態上的自相似性，也就是局部形態和整體形態的相似。

Chapter

9

裝飾器

裝飾指在某物件上裝點額外飾品的行為，以使其原本樸素的外表變得更加飽滿、華麗，而裝飾器（裝飾者）就是能夠化「腐朽」為神奇的利器。裝飾器模式（Decorator）能夠在執行時動態地為原始物件增加一些額外的功能，使其變得更加強大。從某種程度上講，裝飾器非常類似於「繼承」，它們都是為了增強原始物件的功能，區別在於方式的不同，後者是在編譯時（compile-time）靜態地透過對原始類別的繼承完成，而前者則是在程式執行時（run-time）透過對原始物件動態地「包裝」完成，是對類別實例（物件）「裝飾」的結果。

9.1　室內裝潢

既然是裝飾器，那麼它一定能對客體進行一番加工，並在不改變其原始結構的前提下使客體功能得到擴展、增強。以室內裝潢為例，如圖 9-1 所示，要從毛胚屋到精裝房少不了「裝飾」。

裝修風格多種多樣，如簡約、北歐、地中海、美式和中式等。當然，青菜蘿蔔各有所好，每個人的審美取向不盡相同。樸素的毛胚屋能給業主留有更大的裝修選擇空

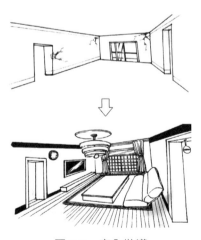

圖 9-1　室內裝潢

間，以根據自己的喜好進行二次加工。如果開發商出售的是已經裝修好的房子，那麼就得提供更多選項如「簡裝房」、「精裝房」、「歐式精裝房」、「現代中式房」等供業主選擇，這種固化下來的商品模式（編譯時繼承）就顯得非常死板，而「買毛胚，送裝修」的模式則更加靈活，這也是二手房產市場中毛胚屋更加受歡迎的原因之一。成品一定是由半成品加工而成的，靈活多變的裝飾才會帶來更多的可能，因此裝飾器模式應運而生。

9.2　從素面朝天到花容月貌

室內裝修對房屋視覺效果的改善立竿見影，人們化妝也是如此，「人靠衣裝馬靠鞍」，人們總是驚嘆女生們魔法師一般的化妝技巧，可以從素面朝天變成花容月貌（如圖 9-2 所示），化妝前後簡直判若兩人，這正是裝飾器的粉飾效果在發揮作用。

圖 9-2　化妝帶來魔法功效

當然，化妝的過程也許對軟體研發人員來說比較陌生，但我們可以從設計模式的角度出發，對這項充滿神秘色彩的工作進行拆解和分析。下面開始我們的程式碼實戰，首先，妝容展示者必然對應一個標準的展示行為 show()，我們將它抽象出來定義為介面 Showable，如程式 9-1 所示。

程式 9-1　可展示者 Showable

```
1.  public interface Showable {
2.
3.      public void show();// 標準展示行為
4.
5.  }
```

如程式 9-1 所示，Showable 這個標準行為需要人去實現，女生們絕對當仁不讓，下面來定義女生類別，請參看程式 9-2。

程式 9-2　女生類別 Girl

```
1.   public class Girl implements Showable{
2.
3.       @Override
4.       public void show() {
5.           System.out.print(" 女生的素顏 ");
6.       }
7.
8.   }
```

如程式 9-2 所示，女生類別在第 5 行中實現了其展示行為，因為目前還沒有任何化妝效果，所以展示的只是女生的素顏。如果用戶端直接呼叫 show() 方法，就會出現素面朝天的結果，這樣就達不到我們要的妝容效果了。所以重點來了，此刻我們得借助「化妝品」這種工具來開始這場化妝儀式，如圖 9-3 所示。

圖 9-3　粉底與口紅

化妝品對於女生的妝容效果具有至關重要的作用，我們就稱之為「裝飾器」吧！請參看程式 9-3。

程式 9-3　化妝品裝飾器類別 Decorator

```
1.   public class Decorator implements Showable{
2.
3.       Showable showable;// 被裝飾的展示者
4.
5.       public Decorator(Showable showable) {// 構造時注入被裝飾者
6.           this.showable = showable;
7.       }
8.
9.       @Override
```

```
10.     public void show() {
11.         System.out.print(" 粉飾【");// 化妝品粉飾開始
12.         showable.show();// 被裝飾者的原生展示方法
13.         System.out.print("】");// 粉飾結束
14.     }
15.
16. }
```

如程式 9-3 所示，化妝品裝飾器類別與女生類別一樣也實現了標準行為展示介面 Showable，這說明它同樣能夠進行展示，只是方式可能比較獨特。第 5 行的構造方法中，化妝品裝飾器類別在構造自己的時候，可以把其他可展示者注入進來並賦給在第 3 行定義的引用。如此一來，化妝品裝飾器類別中包含的這個可展示者就成為一個「被裝飾者」的角色了。注意第 10 行的展示方法 show()，化妝品裝飾器類別不但呼叫了「被裝飾者」的展示方法，而且在其前後加入了自己的「粉飾效果」，這就像加了一層「殼」一樣，包裹了被裝飾物件。最後，我們來看用戶端類別的執行結果，請參看程式 9-4。

程式 9-4　用戶端類別 Client

```
1.  public class Client {
2.
3.      public static void main(String[] args) {
4.          // 用裝飾器包裹女孩後再展示
5.          new Decorator(new Girl()).show();
6.
7.          // 執行結果：粉飾【女生的素顏】
8.      }
9.
10. }
```

如程式 9-4 所示，用戶端類別程式碼乾淨、俐落，我們在第 5 行將構造出來的女生類別實例作為參數傳給化妝品裝飾器類別的構造方法，這就好像為女生外表包裹了一層化妝品一樣，物件結構非常生動、具體。接著，我們呼叫的是化妝品的展示方法 show()，第 6 行的執行結果立竿見影，除了女生自己的素顏展示結果外，還加上了額外的化妝效果。

9.3　化妝品的多樣化

至此，我們已經完成了基本的裝飾工作，可是裝飾器中只有一個簡單的「粉飾」效果，這未免過於單調，我們是否忘記了「口紅」的效果？除此之外，可能還會有「眼線」「睫毛膏」「腮紅」等各式各樣的化妝品，如圖 9-4 所示。

如何讓我們的裝飾器具備以上所有裝飾功效呢？有些讀者可能會想到，把這些裝飾操作全部加入化妝品裝飾器類別中，一次搞定所有化妝操作。這樣的做法必然是錯誤的，試想，難道每位女生都習慣如此濃妝艷抹嗎？化妝品的多樣性決定了裝飾器應該是多型化的，單個裝飾器應該只負責自己的化妝功效，例如口紅只用於塗口

圖 9-4　各種多樣的化妝品

紅，眼線筆只用於畫眼線，把化妝品按功能分類才能讓使用者更加靈活地自由搭配，用哪個或不用哪個由使用者自己決定，而不是把所有功能都固化在同一個裝飾器裡。

可能又有讀者提出了別的解決方案，化妝品裝飾器類別已經是展示介面 Showable 的實現了，這本身已經使多型化成為了可能，那麼讓所有化妝品類別都實現 Showable 介面不就行了嗎？沒錯，但還記得化妝品裝飾器類別中出現的被裝飾者引用（程式 9-3 的第 3 行）嗎？有沒有想過，難道每個化妝品類別裡都要引用這個被裝飾者嗎？粉底類別裡需要加入，口紅類別裡也需要加入……這顯然會導致程式碼冗餘。

誠然，Showable 介面是能夠滿足多型化需求的，但它只是對行為介面的一種規範，極度的抽象並不具備對程式碼繼承的功能，所以化妝品的多型化還需要介面與抽象類別的搭配使用才能兩全其美。裝飾器類別的抽象化勢在必行，我們來看如何重構它，請參看程式 9-5。

程式 9-5　裝飾器抽象類別 Decorator

```
1.  public abstract class Decorator implements Showable{
2.
3.      protected Showable showable;
4.
```

```
5.      public Decorator(Showable showable) {
6.          this.showable = showable;
7.      }
8.
9.      @Override
10.     public void show() {
11.         showable.show();// 直接呼叫不加任何裝飾
12.     }
13.
14. }
```

如程式 9-5 所示，我們將化妝品裝飾器類別修改為裝飾器抽象類別，這主要是為了不允許使用者直接實例化此類別。接著我們重構了第 10 行的展示方法 show()，其中只是呼叫了被裝飾者的 show() 方法，而不再做任何裝飾操作，至於具體如何裝飾則屬於其子類別的某個化妝品類別的操作範疇了，例如之前的「打粉底」操作，我們將其分離出來獨立成類別，請參看程式 9-6。

程式 9-6　粉底類別 FoundationMakeup

```
1.  public class FoundationMakeup extends Decorator{
2.
3.      public FoundationMakeup(Showable showable) {
4.          super(showable);// 呼叫抽象父類別的構造注入
5.      }
6.
7.      @Override
8.      public void show() {
9.          System.out.print(" 打粉底【");
10.         showable.show();
11.         System.out.print("】 ");
12.     }
13. }
```

如程式 9-6 所示，粉底類別不用去實現 Showable 介面了，而是繼承了裝飾器抽象類別，如此父類別中對被裝飾者的定義得以繼承，可以看到我們在第 4 行的構造方法中呼叫了父類別的構造方法並注入被裝飾者，這便是繼承的優勢所在。當然，這個粉底類別的 show() 方法一定要加上自己特有的操作，如第 9 行至第 11 行所示，我們在呼叫被裝飾者的 show() 方法前後都進行了打粉底操作。化妝尚未結束，打完粉底再塗個口紅吧，請參看程式 9-7。

程式 9-7　口紅類別 Lipstick

```
1.   public class Lipstick extends Decorator{
2.
3.       public Lipstick(Showable showable) {
4.           super(showable);
5.       }
6.
7.       @Override
8.       public void show() {
9.           System.out.print(" 塗口紅 【");
10.          showable.show();
11.          System.out.print("】 ");
12.      }
13. }
```

如程式 9-7 所示，與粉底類別同出一轍，口紅類別只是進行了自己特有的「塗口紅」操作。最後，用戶端可以依次把被裝飾者「女生」、裝飾器「粉底」、裝飾器「口紅」用構造方法層層包裹起來，再進行展示即可完成整體化妝工作，請參看程式 9-8。

程式 9-8　用戶端類別 Client

```
1.   public class Client {
2.       public static void main(String[] args) {
3.           // 口紅包裹粉底，粉底再包裹女生
4.           Showable madeupGirl = new Lipstick(new FoundationMakeup(new Girl()));
5.           madeupGirl.show();
6.           // 執行結果：塗口紅【打粉底【女生的臉龐】】
7.       }
8.   }
```

如程式 9-8 所示，用戶端類別的第 4 行中出現了多層的構造方法操作，接著在第 5 行只呼叫裝飾好的 madeupGirl 物件的展示方法 show()，所有裝飾效果一觸即發，層層遞迴。需要注意的是一系列構造產生的順序，我們最終得到的 madeupGirl 物件本質上引用的是口紅，口紅裡包裹了粉底，粉底裡又包裹了女生，正如第 6 行執行結果所示的化妝效果一樣。

至此，裝飾器模式重構完畢，化妝品多型化得以順利實現。如果使用者對這些淡妝效果不夠滿意，我們還可以接著添加其他化妝品類別，以便使用者自由搭配出自己的理想效果，使「清新淡妝」或「濃妝艷抹」均成為可能。

9.4 無處不在的裝飾器

透過對裝飾器模式的學習，讀者是否覺得這種如同「俄羅斯娃娃」一般層層嵌套的結構似曾相識？有些讀者可能已經想到了，沒錯，其實裝飾器模式在 Java 開發工具套件（Java Development Kit, JDK）裡就有大量應用，例如「java.io」套件裡一系列的流處理類別 InputStream、FileInputStream、BufferedInputStream、ZipInputStream 等。舉個例子，當對壓縮檔案進行解壓操作時，我們就會用構造器嵌套結構進行檔案流裝飾，請參看程式 9-9。

程式 9-9　I/O 流處理類別的應用

```
1.   File file = new File("/ 壓縮包 .zip");
2.   // 開始裝飾
3.   ZipInputStream zipInputStream = new ZipInputStream(
4.       new BufferedInputStream(
5.           new FileInputStream(file)
6.       )
7.   );
```

如程式 9-9 所示，在第 5 行，我們首先以檔案 file 初始化並構造檔案輸入流 FileInputStream，然後外層用緩衝輸入流 BufferedInputStream 進行裝飾，使檔案輸入流具備記憶體緩衝的功能，最外層再用壓縮包輸入流 ZipInputStream 進行最終裝飾，使檔案輸入流具備 Zip 格式檔案的功能，之後我們就可以對壓縮包進行解壓操作了。當然，針對不同場景，Java I/O 提供了多種流操作處理類別，讓各種裝飾器能被混搭起來以完成不同的任務。

9.5 自由嵌套

Java 類別函式庫中對裝飾器模式的應用當然要比我們的常式複雜得多，但基本概念其實是一致的。裝飾器模式最終的目的就在於「裝飾」物件，其中裝飾器抽象類別扮演著至關重要的角色，它實現了元件的通用介面，並且使自身抽象化以迫使子類別繼承，使裝飾器固定特性的延續與多型化成為可能。我們來看裝飾器模式的類別結構，如圖 9-5 所示。裝飾器模式的各角色定義如下。

- Component（元件介面）：所有被裝飾元件及裝飾器對應的介面標準，指定進行裝飾的行為方法。對應本章常式中的展示介面 Showable。

- ConcreteComponent（元件實現）：需要被裝飾的元件，實現元件介面標準，只具備自身未被裝飾的原始特性。對應本章常式中的女生類別 Girl。

- Decorator（裝飾器）：裝飾器的高層抽象類別，同樣實現元件介面標準，且包含一個被裝飾的元件。

- ConcreteDecorator（裝飾器實現）：繼承自裝飾器抽象類別的具體子類別裝飾器，可以有多種實現，在被裝飾元件物件的基礎上為其添加新的特性。對應本章常式中的粉底類別 FoundationMakeup、口紅類別 Lipstick。

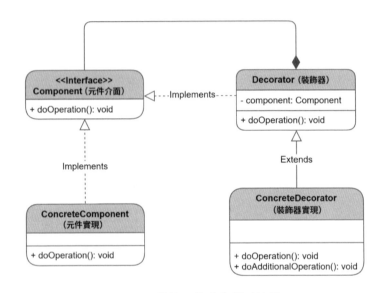

圖 9-5　裝飾器模式的類別結構

客戶需求是多變且無法預估的，要實現不同功能的自由組合，以「繼承」的方式來完成並不理想，會造成子類別泛濫，維護或擴展起來舉步維艱。試想，本章常式中使用者可能需要「塗口紅的女生」或「打粉底的女生」，也可能需要「打粉底再塗口紅的女生」或「塗口紅再打粉底的女生」。這兩種化妝品就產生了女生類別的 4 個子類別，如果再增加些化妝品的話，羅列所有功能模組的排列組合會是一個不可能完成的任務。而裝飾器模式可以將不同功能的單個模組規劃至不同的裝飾器類別中，各裝飾器類別獨立自主，各司其職。用戶端可以根據自己的需求自由搭配各種裝飾器，每加一層裝飾就會有新的特性體現出來，巧妙的設計讓功能模組層層疊加，裝飾之上套裝飾，最終使原始物件的特性動態地得到增強。

Chapter

10

轉接器

轉接器模式（Adapter）也被稱為適配器模式，顧名思義，它一定是進行適應與匹配工作的物件。當一個物件或類別的介面不能匹配使用者所期待的介面時，轉接器就充當中間轉換的角色，以達到相容使用者介面的目的，同時轉接器也實現了用戶端與介面的解耦，提高了元件的可重用性。

10.1　跨越鴻溝靠轉接

物件是多樣化的，物件之間透過訊息交換，也就是互動、溝通，世界才充滿生機，否則就是死水一灘。人類最常用的溝通方式就是語言，兩個人對話時，一方透過嘴巴發出聲音，另一方則透過耳朵接收這些語言訊息，所以嘴巴和耳朵（介面）必須相容同一種語言（參數）才能達到溝通的目的。試想，我們跟不懂中文的人講中文一定是徒勞的，因為對方根本無法理

圖 10-1　對牛彈琴

解我們在講什麼，更不要說人類和動物對話了，介面不相容的結果就是對牛彈琴，如圖 10-1 所示。

要跨越語言的鴻溝就必須找個會兩種語言的翻譯，將介面轉換才能使溝通進行下去，我們將翻譯這個角色稱為轉接器。轉接器在我們生活中非常常見，如記憶卡轉換器、手機充電器、各種 USB 介面轉接器等，再如我們上網用的數據機，它能夠讓網路服務提供商（ISP）與使用者之間的網路介面互相轉接與相容，最終使兩端進行正常連線。

10.2 插頭與插座的衝突

舉一個生活上的例子，假設我們新買了一台電視機，其電源插頭是兩孔的，不巧的是牆上的插座卻是三孔的，這時電視機便無法通電使用。我們以程式碼來重現這個場景，首先得先明確定義牆上的三孔插座介面，請參看程式 10-1。

程式 10-1　三孔插座介面 TriplePin

```
1.   public interface TriplePin {
2.       // 參數分別為火線、中性線、地線
3.       public void electrify(int l, int n, int e);
4.
5.   }
```

如程式 10-1 所示，我們為三孔插座介面 TriplePin 定義了一個三插通電標準 electrify()，其中 3 個參數 l、n、e 分別對應火線（live）、中性線（null）和地線（earth）。同樣，我們定義兩孔插座介面，請參看程式 10-2。

程式 10-2　兩孔插座介面 DualPin

```
1.   public interface DualPin {
2.       // 這裡沒有地線
3.       public void electrify(int l, int n);
4.
5.   }
```

如程式 10-2 所示，與三孔插座介面所不同的是，兩孔插座介面 DualPin 定義的是 2 個參數的通電標準，可以看到 electrify() 的參數中缺少了地線 e。插座介面定義完畢，接下來可以定義電視機類別了。如之前提到的，電視機的兩孔插頭是兩插標準，所以它實現的是兩孔插座介面 DualPin，請參看程式 10-3。

程式 10-3　電視機類別 TV

```java
1.  public class TV implements DualPin {
2.
3.      @Override
4.      public void electrify(int l, int n) {
5.          System.out.print("火線通電:" + l + ",中性線通電:" + n);
6.          System.out.println("電視開機");
7.      }
8.
9.  }
```

如程式 10-3 所示，因為電視機類別 TV 實現了兩孔插座介面 DualPin，所以程式碼第 4 行得通電方法 electrify() 只接通火線與中性線，然後開機。程式碼很簡單，而目前我們面臨的問題是，牆上的介面是三孔插座，而電視機實現的是兩孔插座，二者無法匹配，如程式 10-4 所示，用戶端無法將兩孔插頭與三孔插座完成接駁。

程式 10-4　用戶端類別 Client

```java
1.  public class Client {
2.
3.      public static void main(String[] args) {
4.          TriplePin triplePinDevice = new TV(); // 介面不相容,此處回報「類型不匹配」的錯誤
5.      }
6.
7.  }
```

10.3　通用轉接

針對介面不相容的情況，可能有人會提出比較極端的解決方案，就是把插頭掰彎強行轉接，若是三孔插頭接兩孔插座的話，就把中性線插針拔掉。雖然目的達到了，但經過這麼一番暴力修改，插頭也無法再相容其原生介面了，這顯然違背設計模式原則。

為了不破壞現有的電視機插頭，我們需要一個轉接器來做電源轉換，有了它我們便可以順利地把電視機兩孔插頭轉接到牆上的三孔插座中了，如圖 10-2 所示。

圖 10-2　電源插頭轉接器

圖 10-2 中間的轉接器就像翻譯一樣，其插座相容右側的兩孔插頭，而其插頭則相容左側的三孔插座，集兩種介面於一身，承上啟下，解決了介面間的衝突問題。我們來定義這個轉接器，請參看程式 10-5。

程式 10-5　轉接器類別 Adapter

```
1.  public class Adapter implements TriplePin {
2.
3.      private DualPin dualPinDevice;
4.
5.      // 建立轉接器時，需要把兩插裝置接入進來
6.      public Adapter(DualPin dualPinDevice) {
7.          this.dualPinDevice = dualPinDevice;
8.      }
9.
10.     // 轉接器實現的是目標介面
11.     @Override
12.     public void electrify(int l, int n, int e) {
13.         // 呼叫被轉接裝置的兩插通電方法，忽略地線參數 e
14.         dualPinDevice.electrify(l, n);
15.     }
16.
17. }
```

如程式 10-5 所示，與電視機類別不同的是，轉接器類別 Adapter 實現的是三孔插座介面，這意味著它能夠相容牆上的三孔插座了。注意程式碼第 3 行定義的兩孔插座的引用，我們在第 6 行的構造方法中對其進行初始化，也就是說，轉接器中嵌入一個兩孔插座，任何此規格的裝置都是可以接入進來的。最後，在第 12 行實現的三孔插座通電方法中，轉接器轉去呼叫了接入的兩插裝置，並且丟棄了地線參數 e，這就完成了三孔轉兩孔的調製過程，最終達到轉接效果。至此，這個轉接器就可以將任意兩插裝置匹配到三孔插座上了。我們來看如何讓電視機接通電源，請參看程式 10-6。

程式 10-6　用戶端類別 Client

```
1.  public class Client {
2.
3.      public static void main(String[] args) {
4.          //TriplePin triplePinDevice = new TV();  // 介面不相容，此處回報「類型不匹配」的錯誤
5.          DualPin dualPinDevice = new TV();// 構造兩插電視機
6.          TriplePin triplePinDevice = new Adapter(dualPinDevice);// 轉接器接駁兩端
7.          triplePinDevice.electrify(1, 0, -1);// 此處呼叫的是三插通電標準
8.          // 輸出結果：
```

```
9.          // 火線通電:1,中性線通電:0
10.         // 電視開機
11.     }
12.
13. }
```

如程式 10-6 所示，用戶端類別在第 5 行構造的是兩插標準的電視機物件，接著給構造好的轉接器注入電視機物件（將電視機兩孔插頭插入轉接器），並將其賦給三孔插座介面（將匹配好的轉接器插入牆上的三孔插座）。最後，我們直接呼叫三插通電方法給電視機供電，如第 9 行的輸出結果所示，表面上看我們使用的是三插通電標準，而實際上是用兩插標準為電視機供電（只使用了火線與中性線），最終電視機順利開啟，兩插標準的電視機與三孔插座介面成功得以轉接。需要注意的是，轉接器並不關心接入的裝置是電視機、洗衣機還是電冰箱，只要是兩孔插頭的裝置均可以進行轉接，所以說它是一種通用的轉接器。

10.4　專屬轉接

除了 10.3 節所講的「物件轉接器」，我們還可以用「類別轉接器」實現介面的匹配，這是實現轉接器模式的另一種方式。顧名思義，既然是類別轉接器，那麼一定是屬於某個類別的「專屬轉接器」，也就是在編碼階段已經將被匹配的裝置與目標介面進行對接了。我們繼續之前的例子，請參看程式 10-7。

程式 10-7　電視機專屬轉接器類別 TVAdapter

```
1.  public class TVAdapter extends TV implements TriplePin{
2.
3.      @Override
4.      public void electrify(int l, int n, int e) {
5.          super.electrify(l, n);
6.      }
7.
8.  }
```

類別轉接器模式實現起來更簡單，如程式 10-7 所示，電視機專屬轉接器類別中並未包含被轉接物件（如電視機）的引用，而是在開始定義類別的時候就直接繼承自電視機了，此外還一併實現了三孔插座介面。接著在第 4 行的三插通電方法中，我們利用「super」關鍵字呼叫父類別（電視機類別 TV）定義的兩插通電方法，以實現轉接。使用這個類別轉接器的做法，請參看程式 10-8。

程式 10-8　用戶端類別 Client

```
1.    public class Client {
2.
3.        public static void main(String[] args) {
4.            //TriplePin triplePinDevice = new TV();  // 此處介面無法相容
5.            TriplePin tvAdapter = new TVAdapter();// 電視機專屬三插轉接器插入三孔插座
6.            tvAdapter.electrify(1, 0, -1);// 此處呼叫的是三插通電標準
7.            // 輸出結果：
8.            // 火線通電：1，中性線通電：0
9.            // 電視開機
10.       }
11.
12.   }
```

如程式 10-8 所示，第 5 行我們直接將實例化後的轉接器物件接入牆上的三孔插座，接著直接通電使用即可。如輸出結果所示，類別轉接器模式不但使用起來更加簡單，而且其效果與物件轉接器模式毫無二致。

然而，這個類別轉接器是繼承自電視機的子類別，在類別定義的時候就已經與電視機完成了接駁，也就是說，類別轉接器與電視機的繼承關係讓它固化為一種專屬轉接器，這就造成了繼承耦合，倘若我們需要轉接其他兩插裝置，它就顯得無能為力了。例如要轉接兩孔插頭的洗衣機，我們就不得不再寫一個「洗衣機專屬轉接器」，這顯然是一種程式碼冗餘，說明轉接器相容性差。

當然，事物沒有絕對的好與壞，物件轉接器與類別轉接器各有各的適用場景。假如我們只需要匹配電視機這一種裝置，並且未來也沒有任何其他的裝置擴展需求，那麼類別轉接器使用起來可能更加簡便，所以具體用什麼、怎麼用還要視具體情況而定，切不要有過分偏執、非黑即白的思想。

10.5　化解難以調和的矛盾

眾所周知，反覆修改程式碼的代價是巨大的，因為所有依賴關係都要受到牽連，這不但會引入更多沒有必要的重構與測試工作，而且其波及範圍難以估量，可能會帶來不可預知的風險，結果得不償失。轉接器模式讓相容性問題在不必修改任何程式碼的情況下得以解決，其中轉接器類別是核心，我們首先來看物件轉接器模式的類別結構，如圖 10-3 所示。

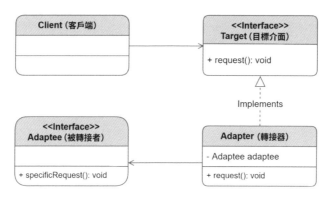

圖 10-3　物件轉接器模式的類別結構

物件轉接器模式的各角色定義如下。

- Target（目標介面）：用戶端要使用的目標介面標準，對應本章常式中的三孔插座介面 TriplePin。

- Adapter（轉接器）：實現了目標介面，負責轉接（轉換）被轉接者的介面 specificRequest() 為目標介面 request()，對應本章常式中的電視機專屬轉接器類別 TVAdapter。

- Adaptee（被轉接者）：被轉接者的介面標準，目前不能相容目標介面的問題介面，可以有多種實現類別，對應本章常式中的兩孔插座介面 DualPin。

- Client（客戶端）：目標介面的使用者。

下面是類別轉接器模式的類別結構，請參看圖 10-4。

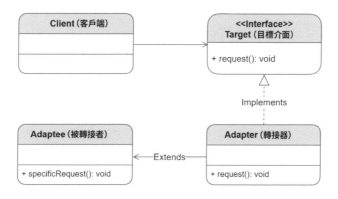

圖 10-4　類別轉接器模式的類別結構

類別轉接器模式的各角色定義如下。

- Target（目標介面）：用戶端要使用的目標介面標準，對應本章常式中的三孔插座介面 TriplePin。

- Adapter（轉接器）：繼承自被轉接者類別且實現了目標介面，負責轉接（轉換）被轉接者的介面 specificRequest() 為目標介面 request()。

- Adaptee（被轉接者）：被轉接者的類別實現，目前不能相容目標介面的問題類別，對應本章常式中的電視機類別 TV。

- Client（客戶端）：目標介面的使用者。

物件轉接器模式與類別轉接器模式基本相同，二者的區別在於前者的 Adaptee（被轉接者）以介面形式出現並被 Adapter（轉接器）引用，而後者則以父類別的角色出現並被 Adapter（轉接器）繼承，所以前者更加靈活，後者則更為簡便。其實不管何種模式，從本質上看轉接器至少都應該具備模組兩側的介面特性，如此才能承上啟下，促成雙方的順利對接與互動，如圖 10-5 所示。

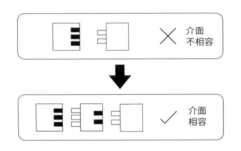

圖 10-5　轉接器解決的問題

成功利用轉接器模式對系統進行擴展後，我們就不必再為解決相容性問題去暴力修改類別介面了，轉而透過轉接器，以更為優雅、巧妙的方式將兩側「對立」的介面「整合」在一起，順利化解雙方難以調和的矛盾，最終使它們順利接通。

Chapter

11

享元

電腦世界中無窮無盡的可能，其本質都是由 1 和 0 兩個「元」的組合變化而產生的。元，顧名思義，始也，有本初、根源的意思。「享元」則是共享元件的意思。享元模式的英文 flyweight 是輕量級的意思，這就意味著享元模式能使程式變得更加輕量化。當系統存在大量的物件，並且這些物件又具有相同的內部狀態時，我們就可以用享元模式共享相同的元件物件，以避免物件泛濫造成資源浪費。

11.1　馬賽克

除了電腦世界，我們的真實世界也充滿了各種「享元」的應用。很多人一定有過裝修房子的經歷，裝修離不開瓷磚、木地板、馬賽克等建築材料。針對不同的房間會選擇不同材質、花色的單塊地磚或牆磚拼接成一個完整的面，尤其是馬賽克這種建築材料拼成的圖案會更加複雜，近看好像顯示器像素一樣密密麻麻地排列在一起，如圖 11-1 所示。

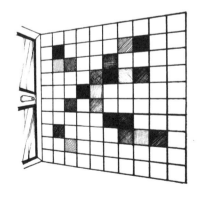

圖 11-1　馬賽克

雖然馬賽克小塊數量繁多，但經過觀察我們會發現，歸類後只有四種：黑色塊、灰色塊、灰白色塊以及白色塊。我們可以說，這就是四個「元」色塊。

11.2　遊戲地圖

在早期的 RPG（角色扮演類）遊戲中，為了營造出不同的環境氛圍，遊戲的地圖系統可以繪製出各式各樣的地貌特徵，如河流、山川、草地、沙漠、荒原，以及人造的房屋、道路、圍牆等。為了避免問題的複雜化，我們就以草原地圖作為範例，如圖 11-2 所示。

對於圖 11-2 所示的遊戲地圖，如果我們載入一整張圖片並顯示在螢幕上，遊戲場景的載入速度一定會比較慢，而且組裝地圖的靈活性也會大打折扣，後期主角的移動碰撞邏輯還要提前對碰撞點座標進行標記，這種設計顯然不夠妥當。正如之前探討過的馬賽克，我們可以發現整張遊戲地圖都是由一個個小的單元圖塊組成的，其中除房屋比較大之外，其他圖塊的尺寸都一樣，它們分別為河流、草地、道路，這些圖塊便是 4 個元圖塊，如圖 11-3 所示。

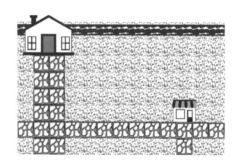

圖 11-2　遊戲地圖

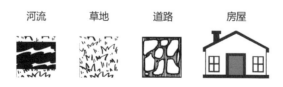

圖 11-3　元圖塊

11.3 卡頓的載入過程

在開始程式碼實戰之前，我們先思考怎樣去建模。首先我們應該定義一個圖塊類別來描述圖塊，具體屬性應該包括「圖片」和「位置」訊息，並且具備按照這些訊息去繪製圖塊的能力，請參看程式 11-1。

程式 11-1　圖塊類別 Tile

```
1.  public class Tile {
2.
3.      private String image;// 圖塊所用的材質圖
4.      private int x, y;// 圖塊所在座標
5.
6.      public Tile(String image, int x, int y) {
7.          this.image = image;
8.          System.out.print(" 從磁碟載入 [" + image + "] 圖片，耗時半秒⋯⋯");
9.          this.x = x;
10.         this.y = y;
11.     }
12.
13.     public void draw() {
14.         System.out.println(" 在位置 [" + x + ":" + y + "] 上繪製圖片:[" + image + "]");
15.     }
16.
17. }
```

圖塊類別看起來非常簡單直觀，程式 11-1 的第 3 行定義了圖塊的材質圖物件的引用，此處我們用 String 來模擬。第 4 行定義了圖塊所在遊戲地圖的橫座標與縱座標：x 與 y。第 7 行開始在構造方法中進行圖片與座標的初始化。此時我們把圖片載入到記憶體，如 I/O 操作要耗費半秒時間，我們在第 8 行模擬輸出。最後是第 13 行的繪製方法，能夠把圖片按照座標位置顯示在遊戲地圖上。一切就緒，開始測試繪製一些圖塊，請參看程式 11-2 的用戶端執行情況。

程式 11-2　用戶端類別 Client

```
1.  public class Client {
2.
3.      public static void main(String[] args) {
4.          // 在地圖第一行隨便繪製一些圖塊
5.          new Tile(" 河流 ", 10, 10).draw();
6.          new Tile(" 河流 ", 10, 20).draw();
7.          new Tile(" 道路 ", 10, 30).draw();
8.          new Tile(" 草地 ", 10, 40).draw();
```

```
9.        new Tile("草地", 10, 50).draw();
10.       new Tile("草地", 10, 60).draw();
11.       new Tile("草地", 10, 70).draw();
12.       new Tile("草地", 10, 80).draw();
13.       new Tile("道路", 10, 90).draw();
14.       new Tile("道路", 10, 100).draw();
15.
16.       /* 執行結果
17.       從磁碟載入 [ 河流 ] 圖片，耗時半秒……在位置 [10:10] 上繪製圖片：[ 河流 ]
18.       從磁碟載入 [ 河流 ] 圖片，耗時半秒……在位置 [10:20] 上繪製圖片：[ 河流 ]
19.       從磁碟載入 [ 道路 ] 圖片，耗時半秒……在位置 [10:30] 上繪製圖片：[ 道路 ]
20.       從磁碟載入 [ 草地 ] 圖片，耗時半秒……在位置 [10:40] 上繪製圖片：[ 草地 ]
21.       從磁碟載入 [ 草地 ] 圖片，耗時半秒……在位置 [10:50] 上繪製圖片：[ 草地 ]
22.       從磁碟載入 [ 草地 ] 圖片，耗時半秒……在位置 [10:60] 上繪製圖片：[ 草地 ]
23.       從磁碟載入 [ 草地 ] 圖片，耗時半秒……在位置 [10:70] 上繪製圖片：[ 草地 ]
24.       從磁碟載入 [ 草地 ] 圖片，耗時半秒……在位置 [10:80] 上繪製圖片：[ 草地 ]
25.       從磁碟載入 [ 道路 ] 圖片，耗時半秒……在位置 [10:90] 上繪製圖片：[ 道路 ]
26.       從磁碟載入 [ 道路 ] 圖片，耗時半秒……在位置 [10:100] 上繪製圖片：[ 道路 ]
27.       */
28.    }
29.
30. }
```

如程式 11-2 所示，用戶端將所有圖塊進行初始化並繪製出來，順利完成地圖拼接。然而，透過觀察執行結果我們會發現一個問題，第 17 行到第 26 行每次載入一張圖片都要耗費半秒時間，10 張圖塊就要耗費 5 秒，如果載入整張地圖將會耗費多長時間？如此糟糕的遊戲體驗簡直就是在挑戰玩家的忍耐力，緩慢的地圖載入過程會讓玩家失去興趣。

面對解決載入卡頓的問題，有些讀者可能已經想到我們之前學過的原型模式了。對，我們完全可以把相同的圖塊物件共享，用複製的方式來省去實例化的過程，從而加快初始化速度。然而，對這幾個圖塊複製好像沒什麼問題，地圖載入速度確實提高了，但是構建巨大的地圖一定會在記憶體中產生龐大的圖塊物件群，從而導

圖 11-4　記憶體資源耗盡

致大量的記憶體開銷。如果沒有記憶體回收機制，甚至會造成記憶體溢位，系統崩潰，如圖 11-4 所示。

用原型模式一定是不合適的，地圖中的圖塊並非像遊戲中動態的人物角色一樣可以即時移動，它們的圖片與座標狀態初始化後就固定下來了，簡單講就是被繪製出來後就不必變動了，即使要變也是將拼好的地圖作為一個大物件整體挪動。圖塊一旦被繪製出來就不需要保留任何座標狀態，記憶體中自然也就不需要保留大量的圖塊物件了。

11.4　圖件共享

要提高遊戲性能，我們只能利用少量的物件拼接整張地圖。繼續分析地圖，我們會發現每個圖塊的座標是不同的，但有很大一部分圖塊的材質圖（圖片）是相同的，也就是說，同樣的材質圖會在不同的座標位置上重複出現。於是我們可以得出結論，材質圖是可以作為享元的，而座標則不能。

既然要共享相同的圖片，那麼我們就得將圖塊類別按圖片分割成更細的材質類別，如河流類別、草地類別、道路類別等。而座標不能作為圖塊類別的享元屬性，所以我們就得設法把這個屬性抽離出去由外部負責。不能紙上談兵，我們繼續程式碼實戰，首先需要定義一個介面，規範這些材質類別的繪圖示準，請參看程式11-3。

程式 11-3　繪圖介面 Drawable

```
1.  public interface Drawable {
2.
3.      void draw(int x, int y);// 繪圖方法，接收地圖座標
4.
5.  }
```

如程式 11-3 所示，我們定義了繪圖介面，使座標作為參數傳遞進來並進行繪圖。當然，除了介面方式，我們還可以用抽象類別抽離出更多的屬性和方法，使子類別變得更加簡單。接下來我們再定義一系列材質類別並實現此繪圖介面，首先是河流類別，如程式 11-4 所示。

程式 11-4　河流類別 River

```
1.  public class River implements Drawable {
2.
3.      private String image;// 河流圖片材質
```

```
4.
5.      public River() {
6.          this.image = " 河流 ";
7.          System.out.print(" 從磁碟載入 [" + image + "] 圖片，耗時半秒……");
8.      }
9.
10.     @Override
11.     public void draw(int x, int y) {
12.         System.out.println("在位置[" + x + ":" + y + "]上繪製圖片:[" + image + "]");
13.     }
14.
15. }
```

河流類別中只定義了圖片作為內部屬性。在第 6 行的類別構造器中載入河流圖片，這就是類別內部即將共享的「元」資料了，我們通常稱之為「內蘊狀態」。而作為「外蘊狀態」的座標是無法作為享元的，所以將其作為參數由第 11 行實現的繪圖方法中由外部傳入。以此類推，接下來我們定義草地類別、道路類別、房屋類別，請分別參看程式 11-5、程式 11-6 和程式 11-7。

程式 11-5　草地類別 Grass

```
1.  public class Grass implements Drawable {
2.
3.      private String image;// 草地圖片材質
4.
5.      public Grass() {
6.          this.image = " 草地 ";
7.          System.out.print(" 從磁碟載入 [" + image + "] 圖片，耗時半秒……");
8.      }
9.
10.     @Override
11.     public void draw(int x, int y) {
12.         System.out.println("在位置[" + x + ":" + y + "]上繪製圖片:[" + image + "]");
13.     }
14.
15. }
```

程式 11-6　道路類別 Road

```
16. public class Stone implements Drawable {
17.
18.     private String image;// 道路圖片材質
19.
20.     public Road() {
21.         this.image = " 道路 ";
22.         System.out.print(" 從磁碟載入 [" + image + "] 圖片，耗時半秒……");
```

```
23.     }
24.
25.     @Override
26.     public void draw(int x, int y) {
27.         System.out.println("在位置[" + x + ":" + y + "]上繪製圖片:[" + image + "]");
28.     }
29.
30. }
```

程式 11-7　房屋類別 House

```
31. public class House implements Drawable {
32.
33.     private String image;// 房屋圖片材質
34.
35.     public House() {
36.         this.image = "房屋";
37.         System.out.print("從磁碟載入 [" + image + "] 圖片，耗時半秒……");
38.     }
39.
40.     @Override
41.     public void draw(int x, int y) {
42.         System.out.print("將圖層切換到頂層……");// 房屋蓋在地板上，所以切換到頂層圖層
43.         System.out.println("在位置[" + x + ":" + y + "]上繪製圖片:[" + image + "]");
44.     }
45.
46. }
```

這裡要注意程式 11-7 的房屋類別與其他類別有所區別，它擁有自己特定的繪圖方法，呼叫後會在地板圖層之上繪製房屋，覆蓋下面的地板（房屋圖片比其他圖片要大一些），以使地圖變得更加立體化。接下來就是實現「元之共享」的關鍵了，我們得定義一個圖件工廠類別，並將各種圖件物件提前放入記憶體中共享，如此便可以避免每次從磁碟重新載入，請參看程式 11-8。

程式 11-8　圖件工廠類別 TileFactory

```
1.  public class TileFactory {
2.
3.      private Map<String, Drawable> images;// 圖庫
4.
5.      public TileFactory() {
6.          images = new HashMap<String, Drawable>();
7.      }
8.
9.      public Drawable getDrawable(String image) {
10.         // 快取池裡如果沒有圖件，則實例化並放入快取池
```

```
11.          if(!images.containsKey(image)){
12.              switch (image) {
13.              case "河流":
14.                  images.put(image, new River());
15.                  break;
16.              case "草地":
17.                  images.put(image, new Grass());
18.                  break;
19.              case "道路":
20.                  images.put(image, new Road());
21.                  break;
22.              case "房屋":
23.                  images.put(image, new House());
24.              }
25.          }
26.
27.          // 至此，快取池裡必然有圖件，直接取得並返回
28.          return images.get(image);
29.      }
30.
31. }
```

如程式 11-8 所示，圖件工廠類別類似於一個圖庫管理器，其中維護著所有的圖件元物件。首先在第 5 行的構造方法中初始化一個散列圖的「快取池」，然後透過懶載入模式來維護它。當用戶端呼叫第 9 行的獲取圖件方法 getDrawable() 時，程式首先會判斷目標圖件是否已經實例化並存在於快取池中，如果沒有則實例化並放入圖庫快取池供下次使用，到這裡目標圖件必然存在於快取池中了。最後在第 28 行直接從快取池中獲取目標圖件並返回。如此，無論外部需要什麼圖件，也無論外部獲取多少次圖件，每類圖件都只會在記憶體中被載入一次，這便是「元共享」的秘密所在。最後讓我們來看用戶端如何構建遊戲地圖，請參看程式 11-9。

程式 11-9　用戶端類別 Client

```
1. public class Client {
2.
3.     public static void main(String[] args) {
4.         // 先實例化圖件工廠
5.         TileFactory factory = new TileFactory();
6.
7.         // 隨便繪製一列為例
8.         factory.getDrawable("河流").draw(10, 10);
9.         factory.getDrawable("河流").draw(10, 20);
10.        factory.getDrawable("道路").draw(10, 30);
11.        factory.getDrawable("草地").draw(10, 40);
12.        factory.getDrawable("草地").draw(10, 50);
```

```
13.          factory.getDrawable(" 草地 ").draw(10, 60);
14.          factory.getDrawable(" 草地 ").draw(10, 70);
15.          factory.getDrawable(" 草地 ").draw(10, 80);
16.          factory.getDrawable(" 道路 ").draw(10, 90);
17.          factory.getDrawable(" 道路 ").draw(10, 100);
18.
19.          // 繪製完地板後接著在頂層繪製房屋
20.          factory.getDrawable(" 房子 ").draw(10, 10);
21.          factory.getDrawable(" 房子 ").draw(10, 50);
22.
23.          /* 執行結果
24.          從磁碟載入 [ 河流 ] 圖片，耗時半秒⋯⋯在位置 [10:10] 上繪製圖片：[ 河流 ]
25.          在位置 [10:20] 上繪製圖片：[ 河流 ]
26.          從磁碟載入 [ 道路 ] 圖片，耗時半秒⋯⋯在位置 [10:30] 上繪製圖片：[ 道路 ]
27.          從磁碟載入 [ 草地 ] 圖片，耗時半秒⋯⋯在位置 [10:40] 上繪製圖片：[ 草地 ]
28.          在位置 [10:50] 上繪製圖片：[ 草地 ]
29.          在位置 [10:60] 上繪製圖片：[ 草地 ]
30.          在位置 [10:70] 上繪製圖片：[ 草地 ]
31.          在位置 [10:80] 上繪製圖片：[ 草地 ]
32.          在位置 [10:90] 上繪製圖片：[ 道路 ]
33.          在位置 [10:100] 上繪製圖片：[ 道路 ]
34.          從磁碟載入 [ 房屋 ] 圖片，耗時半秒⋯⋯將圖層切換到頂層⋯⋯在位置 [10:10] 上繪製圖片：[ 房屋 ]
35.          將圖層切換到頂層⋯⋯在位置 [10:50] 上繪製圖片：[ 房屋 ]
36.          */
37.      }
38.
39. }
```

如程式 11-9 所示，我們拋棄了利用「new」關鍵字隨意製造物件的方法，改用這個圖件工廠類別來構建並共享圖件元，外部需要什麼圖件直接向圖件工廠索取即可。此外，圖件工廠類別返回的圖件實例也不再包含座標訊息這個屬性了，而是將其作為繪圖方法的參數即時傳入。結果立竿見影，從第 23 行開始的輸出中可以看到，每個圖件物件在初次實例化時會耗費半秒時間，而下次請求時就不會在出現載入圖片的耗時操作了，也就是從圖庫快取池直接取得。

11.5　萬變不離其宗

至此，享元模式的運用讓程式執行更加流暢，地圖載入再也不會出現卡頓現象了，載入圖片時的 I/O 流操作所導致的 CPU 效率及記憶體占用的問題同時得以解決，遊戲體驗得以提升和改善。享元模式讓圖件物件將可共享的內蘊狀態「圖片」維護起來，將外蘊狀態「座標」抽離出去並定義於介面參數中，基於此，享元工廠便可以順利將圖件物件共享，以供外部隨時使用。我們來看享元模式的類別結構，如圖 11-5 所示。

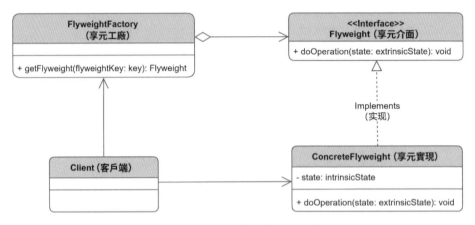

圖 11-5　享元模式的類別結構

享元模式的各角色定義如下。

- Flyweight（享元介面）：所有元件的高層規範，宣告與外蘊狀態互動的介面標準。對應本章常式中的繪圖介面 Drawable。

- ConcreteFlyweight（享元實現）：享元介面的元件實現類別，自身維護著內蘊狀態，且能接受並回應外蘊狀態，可以有多個實現，一個享元物件可以被稱作一個「元」。對應本章常式中的河流類別 River、草地類別 Grass、道路類別 Road 等。

- FlyweightFactory（享元工廠）：用來維護享元物件的工廠，負責對享元物件實例進行建立與管理，並對外提供獲取享元物件的服務。

- Client（客戶端）：享元的使用者，負責維護外蘊狀態。對應本章常式中的圖件工廠類別 TileFactory。

與中國古代先哲們對「陰陽」二元的思考類似，「享元」的理念其實就是萃取事物的本質，將物件的內蘊狀態與外蘊狀態剝離開來，其中內蘊狀態成為真正的「元」資料，而外蘊狀態則被抽離出去由外部負責維護，最終達成內外相濟、裡應外合的結構，使元得以共享。大千世界，萬物蒼生，究其「元」，萬變不離其宗，宜「享」之。

Chapter

12

代理

代理模式（Proxy），顧名思義，有代表打理的意思。某些情況下，當用戶端不能或不適合直接存取目標業務物件時，業務物件可以透過代理把自己的業務託管起來，使用戶端間接地透過代理進行業務存取。如此不但能方便使用者使用，還能對用戶端的存取進行一定的控制。簡單來說，就是代理方以業務物件的名義，代理了它的業務。

12.1　經銷商

在我們的社會活動中存在著各式各樣的代理，例如銷售代理商，他們受商品製造商委託負責代理商品的銷售業務，而購買方（如最終消費者）則不必與製造商發生關聯，也不用關心商品的具體製造過程，而是直接找代理商購買產品。

如圖 12-1 所示，顧客通常不會找汽車製造商直接購買汽車，而是透過經銷商購買。介於顧客與製造商之間，經銷商對汽車製造商生產的整車與零配件提供銷售代理服務，並且在製造商原本職能的基礎之上增加了一些額外的附加服務，如汽車上牌、註冊、保養、維修等，使顧客與汽車製造商徹底脫離關係。除此之外，代理模式的範例還有明星經紀人對明星推廣業務的代理；律師對原告或被告官司的代理；旅遊團對門票、機票業務的代理等，不勝枚舉。

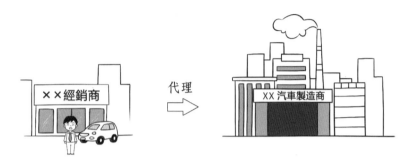

圖 12-1　經銷商

12.2　存取網路

現代社會中，網路已經滲透到人們工作和生活的各個方面，為了滿足各種需求，不管是公司還是家庭，網路的組建工作都必不可少。根據網路環境的不同，適當地使用各種網路裝置十分重要，例如我們常見的家用路由器，其最重要的一個功能就是代理上網業務，使其下面所有終端裝置都能夠連入網路，如圖 12-2 所示。

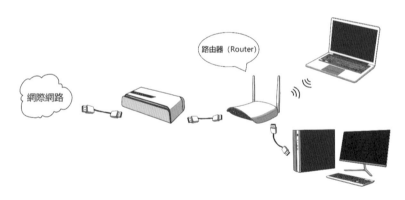

圖 12-2　路由器對網路的代理

圖 12-2 所示的是一個簡單的家庭網路的網路結構。從左往右看，首先我們得去網路服務提供商（ISP）申請網路（Internet）寬頻業務，然後透過光纖到府並拿到一個數據機（Modem）。數據機負責在類比訊號（或者光訊號）與數位訊號之間做調變轉換（類似於轉接器）。接下來連接的就是我們的主角——路由器（Router）了，它負責代理網路服務。最後，我們每天使用的一些終端裝置，例如筆電、桌電、手機、電視機等，不管透過 Wi-Fi 還是網路線，都能透過路由器代理成

功上網。基於此結構，我們嘗試以程式碼來實現，首先定義一個網路存取介面
Internet，請參看程式 12-1。

程式 12-1　網路存取介面 Internet

```
1.  public interface Internet {
2.
3.      void httpAccess(String url);
4.
5.  }
```

如程式 12-1 所示，我們對網路存取介面進行簡化，假設它只有一個網路存取標準
（協定）httpAccess，並接受一個 url 網址。毫無疑問，直接與網路連接的一定是
數據機，所以我們首先讓數據機實現網路存取介面，請參看程式 12-2。

程式 12-2　數據機 Modem

```
1.  public class Modem implements Internet {
2.
3.      public Modem(String password) throws Exception {
4.          if(!"123456".equals(password)){
5.              throw new Exception(" 撥號失敗，請重試！");
6.          }
7.          System.out.println(" 撥號上網……連線成功！");
8.      }
9.
10.     @Override
11.     public void httpAccess(String url){// 實現網路存取介面
12.         System.out.println(" 正在存取：" + url);
13.     }
14.
15. }
```

如程式 12-2 所示，數據機實現了網路存取介面，並在構造方法中進行撥號上網的
密碼校驗，校驗通過後使用者即可透過呼叫網路存取實現方法 httpAccess() 上網
了。此方法來者不拒，接受使用者的一切存取。

12.3 網路代理

雖然數據機允許使用者直接存取網路，但使用者每次上網都必須得進行撥號操作，這確實不太方便。此外，數據機要對大量的終端上網裝置進行資源分配與管理，難免力不從心。例如，孩子總是會偷偷上網看電影或玩遊戲，只依靠家長是很難得到有效控制的。再如，我們上網時會遭遇一些惡意網站的攻擊，嚴重威脅到我們的網路安全，所以我們有必要採取一些技術手段來封鎖終端裝置對這些有害網站的存取，這些事還是得交給代理去負責，例如建立黑名單機制。

如圖 12-3 所示，要在使用者與網路之間建立黑名單機制並禁止終端裝置對有害網站的存取，我們就得把終端裝置（用戶端）與數據機的連接隔離開，並在它們之間加上路由器進行代理管控。當終端裝置請求存取網路時，我們就將其傳入的網址與黑名單進行比對，如果該網址存在於黑名單中則禁止存取，反之則通過校驗並轉交給數據機以連接網路。這個邏輯非常清晰，我們用路由器來實現，請參看程式 12-3。

| 用戶 | 黑名單過濾 | 網路網路 |

圖 12-3　黑名單過濾機制

程式 12-3　路由器 RouterProxy

```
1.  public class RouterProxy implements Internet {
2.
3.      private Internet modem;// 被代理物件
4.      private List<String> blackList = Arrays.asList("電影", "遊戲", "音樂", "小說");
5.
6.      public RouterProxy() throws Exception {
7.          this.modem = new Modem("123456");// 實例化被代理類別
8.      }
9.
10.     @Override
11.     public void httpAccess(String url) {// 實現網路存取介面方法
12.         for (String keyword : blackList) {// 遍歷黑名單
13.             if (url.contains(keyword)) {// 是否包含黑名單中的字眼
14.                 System.out.println(" 禁止存取:" + url);
15.                 return;
```

```
16.                    }
17.                }
18.                modem.httpAccess(url);// 轉發請求至「數據機」以存取網路
19.        }
20.
21. }
```

如程式 12-3 所示，路由器與數據機一樣實現了網路介面，並於第 6 行的構造方法中主動實例化了數據機，作為被代理的目標業務（網路業務）類別。重點在於第 11 行的網路存取實現方法中，我們對提前設定好的黑名單進行遍歷，如果存取位址中帶有黑名單中的敏感字眼就禁止存取並直接退出，如果遍歷結束則代表沒有發現任何威脅，此時就可以假設存取位址是相對安全的。當存取位址成功通過安全校驗後，程式碼第 18 行中路由器移交控制權，將請求轉發給數據機進行網路存取。可以看到，其實路由器本質上並不具備上網功能，而只是充當代理角色，對存取進行監管、控制與轉發。

需要注意的是，程式 12-3 第 6 行的路由器構造方法為實現對「數據機」的全面管控，主動實例化了「數據機」物件，而非由外部注入。從某種意義上講，這是代理模式區別於裝飾器模式的一種體現。雖然二者的理念與實現有點類似，但裝飾器模式往往更加關注為其他物件增加功能，讓用戶端更加靈活地進行元件搭配；而代理模式更強調的則是一種對存取的管控，甚至是將被代理物件完全封裝而隱藏起來，使其對用戶端完全透明。讀者大可不必被概念所束縛，屬於哪種模式並不重要，最適合系統需求的設計就是最好的設計。

至此，家庭網路已經建構完畢，網路安全問題也得以解決，一切準備就緒。讓我們打開電腦，暢遊網路，請參看程式 12-4。

程式 12-4　用戶端 Client

```
1.  public class Client {
2.
3.      public static void main(String[] args) throws Exception {
4.          Internet proxy = new RouterProxy();// 實例化的是代理
5.          proxy.httpAccess("http://www. 電影 .com");
6.          proxy.httpAccess("http://www. 遊戲 .com");
7.          proxy.httpAccess("ftp://www. 學習 .com/java");
8.          proxy.httpAccess("http://www. 工作 .com");
```

```
9.
10.          /* 執行結果
11.              撥號上網……連線成功！
12.              禁止存取：http://www.電影.com
13.              禁止存取：http://www.遊戲.com
14.              正在存取：ftp://www.學習.com/java
15.              正在存取：http://www.工作.com
16.          */
17.      }
18.
19. }
```

如程式 12-4 所示，用戶端（終端裝置）一開始建立的並不是「數據機」，而是實例化路由器來連接網路。簡單來講，就是使用者只需要知道連接路由器便可以上網了，至於「數據機」是什麼，使用者完全可以無視。接下來，使用者由第 5 行開始瀏覽一系列的網站，可以看到路由器依次給出了存取結果，其中「電影」與「遊戲」的相關的網站都被封鎖了，而「工作」與「學習」則予以正常通過。如此不但省去了用戶端撥號的麻煩（路由器可以幫助撥號），而且避免了使用者瀏覽一些娛樂網站。因此，家長不必擔心孩子在學習時間偷看電影玩遊戲了（可以增強為在固定時間段進行封鎖），從此高枕無憂。

12.4　萬能的動態代理

透過程式碼實踐，相信讀者已經充分理解代理模式了，這也是最簡單、常用的一種代理模式。除此之外，還有一種特殊的代理模式叫作「動態代理」，其實例化過程是動態完成的，也就是說，我們不需要專門針對某個介面去編寫程式碼實現一個代理類別，而是在介面執行時動態生成。

繼續我們之前的實例，現在假設有這樣一種場景，當網路中的終端裝置越來越多（例如建構公司網路）時，網路介面逐漸被占滿，此時路由器就有點力不從心、不堪負重。這就需要我們進行網路升級，加裝交換機來連接更多的終端裝置。由於交換機主要負責內網的通訊服務，因此現在我們將視角切換到區域網路，首先定義區域網路存取介面 Intranet，請參看程式 12-5。

程式 12-5 區域網路存取介面 Intranet

```
1.  public interface Intranet {
2.
3.      public void fileAccess(String path);
4.
5.  }
```

如程式 12-5 所示，與之前的網路存取介面 Internet 定義的 httpAccess 不同，區域網路存取介面 Intranet 定義了檔案存取標準（協定）fileAccess，並以檔案的絕對位址作為參數。接下來，由交換機組建的區域網路一定能為終端裝置間的檔案存取與共享提供服務，我們讓交換機來實現這個區域網路存取介面，請參看程式 12-6。

程式 12-6 交換機 Switch

```
1.  public class Switch implements Intranet {
2.
3.      @Override
4.      public void fileAccess(String path){
5.          System.out.println("存取內網:" + path);
6.      }
7.
8.  }
```

如程式 12-6 所示，交換機 Switch 實現了區域網路存取介面 Intranet，此時終端裝置間的互訪也就順利實現了，如一台電腦請求從另一台內網電腦上複製共享檔案。但交換機還不具備任何代理功能，不要著急，接下來就需要動態代理了。

隨著終端裝置數量的增多，內網安全防範措施也得跟著加強。若要對終端裝置之間的互訪進行管控，我們就不得不再編寫一個區域網路介面的代理 SwitchProxy，並加上之前的黑名單過濾邏輯。這雖然看似簡單，但問題是，不管是代理網路業務還是代理區域網路業務，都是基於同樣的一份黑名單對存取位址進行校驗，如果每個代理都加上這一邏輯，顯然是冗餘的，將其抽離出來勢在必行。

單單看這個黑名單過濾功能的代理，它應該是一個通用的過濾器，不應該與任何業務介面發生關聯。要靈活地實現業務功能，就要拋開業務介面的牽絆，在執行時針對某業務介面動態地生成具備黑名單過濾功能的代理，從而徹底跳出業務規範的種種限制。多說無益，我們將抽離出來的功能定義在黑名單過濾器中，請參看程式 12-7。

程式 12-7　黑名單過濾器 BlackListFilter

```
1.   public class BlackListFilter implements InvocationHandler {
2.
3.       private List<String> blackList = Arrays.asList(" 電影 ", " 遊戲 ", " 音樂 ", " 小說 ");
4.
5.       // 被代理的真實物件，如「數據機」、交換機等
6.       private Object origin;
7.
8.       public BlackListFilter(Object origin) {
9.           this.origin = origin;// 注入被代理物件
10.          System.out.println(" 開啟黑名單過濾功能……");
11.      }
12.
13.      @Override
14.      public Object invoke(Object proxy, Method mth, Object[] args) throws Throwable {
15.          // 切入「方法面」之前的過濾器邏輯
16.          String arg = args[0].toString();
17.          for (String keyword : blackList) {
18.              if (arg.contains(keyword)) {
19.                  System.out.println(" 禁止存取:" + arg);
20.                  return null;
21.              }
22.          }
23.          // 呼叫被代理物件方法
24.          System.out.println(" 校驗通過，轉向實際業務……");
25.          return mth.invoke(origin, arg);
26.      }
27.
28.  }
```

如程式 12-7 所示，黑名單過濾器的功能程式碼不再與任何業務介面有瓜葛了，而且實現了 JDK Reflection 中提供的 InvocationHandler（動態呼叫處理器）介面，此介面定義了動態反射呼叫的標準，這意味著黑名單過濾器可以代理任意類別的任意方法，使萬能代理成為可能。注意看第 9 行程式碼，我們在構造方法中將被代理物件注入進來交給第 6 行定義的 Object 類別物件引用 origin，所以此處不管是路由器還是交換機都能夠被代理。接下來是動態代理的重中之重。我們在程式碼第 14 行實現了 InvocationHandler 的 invoke() 方法，此處規定要將進行過濾的目標位址字串放在參陣列 args 的第一個元素位置，得到參數後進行循環過濾，如果校驗通過，則呼叫被代理物件的原始方法。注意我們在第 25 行中利用反射機制去

呼叫 origin（被代理物件）的 mth() 方法（被代理類別的「方法物件」），具體被呼叫的是哪個被代理物件的哪個方法在執行時才能確定。

我們已經將黑名單機制的相關邏輯抽離出來了，並且加上了動態代理生成的功能，那麼我們之前實現的路由器代理就要進行重構，刪除其中的黑名單過濾功能程式碼，只保留自動撥號功能，請參看程式 12-8。

程式 12-8　路由器代理 RouterProxy

```
1.  public class RouterProxy implements Internet {
2.
3.      private Internet modem;// 被代理物件
4.
5.      public RouterProxy() throws Exception {
6.          this.modem = new Modem("123456");// 實例化被代理類別
7.      }
8.
9.      @Override
10.     public void httpAccess(String url) {
11.         modem.httpAccess(url);// 轉發請求至「數據機」以存取網路
12.     }
13.
14. }
```

至此，每個網路模組都變得更加簡單了，我們只需要根據需求進行動態組裝來實現不同代理。當使用者要存取外網時，我們就用 RouterProxy 或者 Modem 生成基於網路存取介面 Internet 的黑名單代理；當使用者要存取內網時，我們就用交換機 Switch 生成基於區域網路存取介面 Intranet 的黑名單代理。我們來看用戶端範例，請參看程式 12-9。

程式 12-9　用戶端類別 Client

```
1.  public class Client {
2.
3.      public static void main(String[] args) throws Exception {
4.
5.          // 存取網路（外網），生成路由器代理
6.          Internet internet = (Internet) Proxy.newProxyInstance(
7.                  RouterProxy.class.getClassLoader(),
8.                  RouterProxy.class.getInterfaces(),
9.                  new BlackListFilter(new RouterProxy()));
10.         internet.httpAccess("http://www. 電影 .com");
11.         internet.httpAccess("http://www. 遊戲 .com");
12.         internet.httpAccess("http://www. 學習 .com");
```

```
13.        internet.httpAccess("http://www. 工作 .com");
14.
15.        /*
16.        撥號上網……連線成功！
17.        開啟黑名單過濾功能……
18.        禁止存取：http://www. 電影 .com
19.        禁止存取：http://www. 遊戲 .com
20.        校驗通過，轉向實際業務……
21.        正在存取：http://www. 學習 .com
22.        校驗通過，轉向實際業務……
23.        正在存取：http://www. 工作 .com
24.        */
25.
26.        // 存取區域網路（內網），生成交換機代理
27.        Intranet intranet = (Intranet) Proxy.newProxyInstance(
28.              Switch.class.getClassLoader(),
29.              Switch.class.getInterfaces(),
30.              new BlackListFilter(new Switch()));
31.        intranet.fileAccess("\\\\192.68.1.2\\ 共享 \\ 電影 \\IronHuman.mp4");
32.        intranet.fileAccess("\\\\192.68.1.2\\ 共享 \\ 遊戲 \\Hero.exe");
33.        intranet.fileAccess("\\\\192.68.1.4\\shared\\Java 學習資料 .zip");
34.        intranet.fileAccess("\\\\192.68.1.6\\Java\\ 設計模式 .doc");
35.
36.        /*
37.        開啟黑名單過濾功能……
38.        禁止存取：\\192.68.1.2\ 共享 \ 電影 \IronHuman.mp4
39.        禁止存取：\\192.68.1.2\ 共享 \ 遊戲 \Hero.exe
40.        校驗通過，轉向實際業務……
41.        存取內網：\\192.68.1.4\shared\Java 學習資料 .zip
42.        校驗通過，轉向實際業務……
43.        存取內網：\\192.68.1.6\Java\ 設計模式 .doc
44.        */
45.    }
46.
47. }
```

如程式 12-9 所示，用戶端在第 6 行呼叫了 JDK 提供的代理生成器 Proxy 的生產方法 newProxyInstance()，並傳入過濾器與路由器的相關參數，將過濾器功能與被代理物件組裝在一起，動態生成代理物件，接著用它存取了若干網路位址。可以看到執行結果，路由器代理本身已經代理了「數據機」的上網功能並加裝了自動撥號功能，在此基礎上外層的動態代理又加裝了位址校驗功能。同理，從第 27 行開始，程式碼為交換機加入過濾器功能並生成動態代理，接著用它存取了區域網路中的檔案，執行結果同樣有效。無論使用者存取網路還是區域網路，動態代理都充分完成了對網路位址存取的代理與管控工作。

至此，我們已經將管控業務（位址校驗業務）完全抽離，獨立於系統主業務，也就是說，管控業務不再侵入實際業務類別。並且，我們能夠更加靈活地將這段業務邏輯加入不同的業務物件，再也不必在編程時針對某個業務類別量身定做其特有的代理類別了，一勞永逸。

其實很多軟體框架中都大量應用了動態代理的理念，如 Spring 的 AOP 技術，我們只需要定義好一個切面類別 @Aspect 並宣告其切入點 @Pointcut（標記出被代理的哪些物件的哪些介面方法，類似於本章的路由器與交換機的 httpAccess 與 fileAccess 介面），以及被切入的程式區塊（要增加的邏輯，像是這裡的過濾功能代碼，可分為前置執行 @Before、後置執行 @After 以及異常處理 @AfterThrowing 等），框架就會自動幫我們生成代理並切入目標。我們最常用到的就是給多個類別方法前後動態加入寫日誌，此外還有為業務類加上資料庫事務控制（業務程式開始前先切入「事務開始」，執行過後再切入「事務提交」，如果拋異常被捕獲則執行「交易復原」），如此就不必為每個業務類別都寫這些重複代碼了，整個系統對資料庫的存取都得到了事務管控，開發效率大幅提升。

12.5　業務增強與管控

不管是在寫程式時預定義靜態代理，還是在執行時即時生成代理，它們的基本理念都是透過攔截被代理物件的原始業務，並在其之前或之後加入一些額外的業務或者控制邏輯，來最終實現在不改變原始類別（被代理類別）的情況下對其進行加工、管控。換句話說，雖然動態代理更加靈活，但它也是在靜態代理的基礎之上發展而來的，究其本質，萬變不離其宗，我們來看代理模式的類別結構，如圖 12-4 所示。

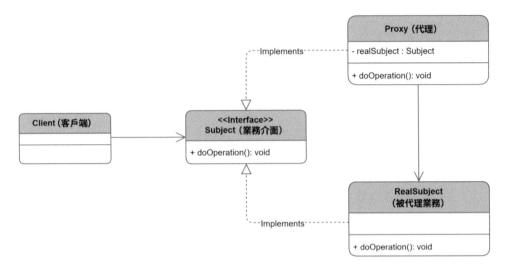

圖 12-4　代理模式的類別結構

代理模式的各角色定義如下。

- Subject（業務介面）：對業務介面標準的定義與表示，對應本章常式中的網路存取介面 Internet。

- RealSubject（被代理業務）：需要被代理的實際業務類別，實現了業務介面，對應本章常式中的數據機 Modem。

- Proxy（代理）：同樣實現了業務介面標準，包含被代理物件的實例並對其進行管控，對外提供代理後的業務方法，對應本章常式中的路由器 RouterProxy。

- Client（客戶端）：業務的使用者，直接使用代理業務，而非實際業務。

代理模式不僅能增強原業務功能，更重要的是還能對其進行業務管控。對使用者來講，隱藏於代理中的實際業務被透明化了，而暴露出來的是代理業務，以此避免用戶端直接進行業務存取所帶來的安全隱患，從而保證系統業務的可控性、安全性。

Chapter

13

橋接

橋接模式（Bridge）能將抽象與實現分離，使二者可以各自單獨變化而不受對方約束，使用時再將它們組合起來，就像架設橋梁一樣連接它們的功能，如此降低了抽象與實現這兩個可變維度的耦合度，以保證系統的可擴展性。

13.1　基礎建設

人類社會的發展有一條不變的規律，即「要致富，先修路」。路與橋作為重要的交通基礎設施，在經濟發展中扮演著不可或缺的角色。它可以把原本相對獨立的區域連接起來，使得貿易往來更加便利、有效率，進而促進經濟合作與發展。如圖 13-1 所示，古代絲綢之路連通了東西方的經貿往來，讓各個國家取長補短、互惠互利，最終使各方經濟發展紛紛受惠。

圖 13-1　古代絲綢之路

古有絲綢之路，21 世紀則有全球化。橋接模式類似於這種全球化勞動分工的經濟模式。全球產業分工後，國家可以發揮各自的優勢，製造自己最擅長的產品元件，再透過合作組成產業鏈，以此提高生產效率並實現產品多元化。拿手機製造來說，晶片可以由美國設計製造，螢幕可以由韓國製造，攝影機則可以由日本製造……最後由中國製造其他半導體元件並完成手機的組裝，從而形成手機製造產業鏈並使產品有效率地生產。如此一來，每個國家都能發揮自己的長處，生產各式各樣的元件，最終組裝出各種品類別的產品，其中各種品牌、型號、配置應有盡有，以此滿足不同的使用者需求，這便是橋接模式的最大價值。

13.2　形與色的糾葛

既然基礎建設如此重要，那麼我們就用實例來分析一下橋接模式下的產業分工與合作。假設我們要畫一幅抽象畫，它主要由各種形狀的色塊組成，以此來表達世界的多樣性，如圖 13-2 所示。

圖 13-2　各種形狀的色塊

要完成這幅作品，不同顏色的畫筆是必不可少的工具，那麼相應地我們就得定義這些畫筆工具類別。首先拋開畫筆的顏色，畫筆本身一定是類似的，所以我們定義一個畫筆抽象類別，請參看程式 13-1。

程式 13-1　畫筆抽象類別 Pen

```
1.  public abstract class Pen {
2.
3.      public abstract void getColor();
4.
5.      public void draw(){
6.          getColor();
7.          System.out.print(" △ ");
```

```
8.      }
9.
10. }
```

如程式 13-1 所示，畫筆抽象類別在第 3 行定義了抽象方法 getColor() 獲取顏色，並交給子類別實現不同的顏色；接著在第 5 行繪圖方法 draw() 中先呼叫 getColor() 以獲取具體的顏色，然後畫出一個三角形。具體的黑色畫筆類別 BlackPen，請參看程式 13-2。

程式 13-2　黑色畫筆類別 BlackPen

```
1.  public class BlackPen extends Pen {
2.
3.      @Override
4.      public void getColor() {
5.          System.out.print("黑 ");
6.      }
7.  }
```

如程式 13-2 所示，黑色畫筆類別在第 4 行實現了獲取顏色方法 getColor()，並輸出了字串「黑」，以此來模擬黑色墨水的輸出。我們先不急於進行過多的擴展，至少目前已經足以進行作畫了，我們用用戶端試著執行一下，請參看程式 13-3。

程式 13-3　用戶端類別 Client

```
1.  public class Client {
2.
3.      public static void main(String[] args) {
4.          Pen blackPen = new BlackPen();
5.          blackPen.draw();
6.          // 輸出：黑△
7.      }
8.  }
```

如程式 13-3 所示，我們在第 5 行呼叫黑色畫筆類別的繪圖方法 draw() 後成功輸出了「黑△」（黑色三角形）。同理，我們可以繼續定義白色畫筆類別，畫出「白△」（白色三角形）。然而，不管我們製造多少種顏色的畫筆，都只能畫出三角形，這是因為我們在抽象類別裡寫死了對「△」的輸出，這就造成了形狀被牢牢地捆綁於各類彩色畫筆中，對於其他形狀的繪製則無能為力，使系統喪失了靈活性與可擴展性。

13.3　架構產業鏈

我們已經利用畫筆的抽象實現了顏色的多型，現在要解決的問題是對形狀的抽離，將形狀與顏色徹底分離開來，使它們各自擴展。既然顏色是由畫筆來決定的，那麼形狀可以依賴尺來規範其筆觸線條走向。我們設想這樣一個場景，畫筆與尺這兩種工具分別產於南北兩座孤島，北島擅長製造各色畫筆，南島則擅長製造各種形狀的尺，如圖 13-3 所示。

圖 13-3　產業分工與合作

圖 13-3 所示的是產業分工與合作的最佳範例之一，按照這種模式我們開始規劃南島文具產業。首先我們把可以規範形狀的尺類從畫筆產業中獨立出來，它們至少能夠畫出正方形、三角形和圓形，來看看南島所製造的尺，如圖 13-4 所示。

圖 13-4　形狀各異的尺

尺的功能是對筆觸線條走向進行規範。為了讓尺各盡其能而不至於毫無章法地擴展，我們先定義一個尺的高層介面，請參看程式 13-4。

程式 13-4　尺介面 Ruler

```
1.  public interface Ruler {
2.
3.      public void regularize();
4.
5.  }
```

如程式 13-4 所示，尺介面定義了筆觸線條走向規範方法 regularize()，為各種形狀的尺實現留好了介面。為保持簡單，我們在這裡忽略形狀的大小，假設一種形狀

對應一個類別，那麼應該有正方形尺類別、三角形尺類別以及圓形尺類別，分別
對應程式 13-5、程式 13-6 以及程式 13-7。

程式 13-5　正方形尺類別 SquareRuler

```
1.  public class SquareRuler implements Ruler {
2.
3.    @Override
4.    public void regularize() {
5.      System.out.println("□");// 輸出正方形
6.    }
7.
8.  }
```

程式 13-6　三角形尺類別 TriangleRuler

```
1.  public class TriangleRuler implements Ruler {
2.
3.    @Override
4.    public void regularize() {
5.      System.out.println("△");// 輸出三角形
6.    }
7.
8.  }
```

程式 13-7　圓形尺類別 CircleRuler

```
1.  public class CircleRuler implements Ruler {
2.
3.    @Override
4.    public void regularize() {
5.      System.out.println("○");// 輸出圓形
6.    }
7.
8.  }
```

如程式 13-5、程式 13-6 以及程式 13-7 所
示，南島文具產業已經被規劃完成。接著
我們來看處於產業鏈另一端的北島文具產
業，其擅長製造的是彩色畫筆，如圖 13-5
所示。

圖 13-5　彩色畫筆

依照南、北島的產業合作模式，我們同樣需要對北島產業進行重新規劃，也就是對之前的畫筆類別相關程式碼進行重構。因為畫筆必須有尺的協助才能完成漂亮的畫作，所以我們假設北島製造處於「產業鏈下游」，修改之前的畫筆抽象類別，使其能夠用到尺，請參看程式 13-8。

程式 13-8　畫筆類別 Pen

```
1.  public abstract class Pen {
2.
3.    protected Ruler ruler;// 尺的引用
4.
5.    public Pen(Ruler ruler) {
6.      this.ruler = ruler;
7.    }
8.
9.    public abstract void draw();// 抽象方法
10. }
```

如程式 13-8 所示，畫筆類別在第 3 行宣告了尺介面的引用，並在第 5 行的構造方法中將尺物件注入進來，這樣畫筆就能使用尺進行繪畫了，此處便是南北產業透過橋梁的對接形成產業鏈的關鍵點。接著第 9 行的繪圖方法 draw() 被我們抽象化了，畢竟抽象畫筆並不能確定將來要畫什麼形狀、什麼顏色、如何畫等細節，所以應該留給畫筆子類別去實現。最後，我們來實現具體顏色的畫筆子類別。為了保持簡單，我們只實現黑色和白色兩種顏色的畫筆，請分別參看程式 13-9、程式 13-10。

程式 13-9　黑色畫筆 BlackPen

```
1.  public class BlackPen extends Pen {
2.
3.    public BlackPen(Ruler ruler) {
4.      super(ruler);
5.    }
6.
7.    @Override
8.    public void draw() {
9.        System.out.print(" 黑 ");
10.       ruler.regularize();
11.    }
12.
13. }
```

程式 13-10　白色畫筆 WhitePen

```
1.  public class WhitePen extends Pen {
2.
3.     public WhitePen(Ruler ruler) {
4.       super(ruler);
5.     }
6.
7.     @Override
8.     public void draw() {
9.         System.out.print("白");
10.        ruler.regularize();
11.    }
12.
13. }
```

如程式 13-9、程式 13-10 所示，黑白畫筆均繼承自畫筆類別，在第 4 行的構造方法中我們呼叫父類別的構造方法並注入傳入的尺，建立與南島產業的橋梁。在第 9 行的繪圖方法 draw() 中，我們先輸出對應的具體顏色，接著呼叫尺的筆觸規範方法 regularize() 繪製相關形狀。至此，南北產業鏈規劃完畢，我們可以利用這些文具開始繪畫了，請參看程式 13-11。

程式 13-11　用戶端 Client

```
1.  public class Client {
2.
3.     public static void main(String args[]) {
4.
5.         // 白色畫筆對應的所有形狀
6.         new WhitePen(new CircleRuler()).draw();
7.         new WhitePen(new SquareRuler()).draw();
8.         new WhitePen(new TriangleRuler()).draw();
9.
10.        // 黑色畫筆對應的所有形狀
11.        new BlackPen(new CircleRuler()).draw();
12.        new BlackPen(new SquareRuler()).draw();
13.        new BlackPen(new TriangleRuler()).draw();
14.
15.        /* 執行結果：
16.            白○
17.            白□
18.            白△
19.            黑○
20.            黑□
21.            黑△
22.        */
23.     }
```

```
24.
25. }
```

如程式 13-11 所示，用戶端對各種畫筆與尺進行了相關的實例化操作，如第 8 行，在實例化白色畫筆時為其注入三角形尺，如第 18 行輸出所示，這時它所畫出的圖形為白色三角形。有了橋接模式，用戶端便可以任意組裝自己需要的顏色與形狀進行繪圖了。

13.4　笛卡兒積

在橋接的產業合作模式下，南、北島勤勞的工人們繼續擴大生產，製造了更多樣式的尺和畫筆，讓用戶端能夠更自由地作畫。透過常式我們可以看到，橋接模式將原本對形狀的繼承關係改為聚合（組合）關係，使形狀實現從顏色中分離出來，最終完成多類別元件維度上的自由擴展與拼裝，使形與色的自由搭配成為可能。

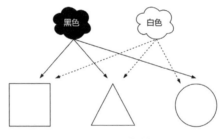

圖 13-6　形色搭配

如圖 13-6 所示，實線與虛線連接了兩種顏色與三種形狀的所有搭配，結果生成了 6 種可能，用笛卡兒積的方式可以描述如下。

```
設：
    顏色集合 ={ 黑 , 白 }
    形狀集合 ={ 圓形 , 正方形 , 三角形 }
那麼這兩個集合的笛卡兒積為：
    {
        （黑，圓形），（黑，正方形），（黑，三角形），
        （白，圓形），（白，正方形），（白，三角形）
    }
```

如果將形狀與顏色這兩個維度分別作為行與列，就會形成表 13-1 所示的矩陣形式。

表 13-1 形狀與顏色的笛卡兒積

形狀　　　顏色	黑色	白色
圓形	黑色圓形	白色圓形
正方形	黑色正方形	白色正方形
三角形	黑色三角形	白色三角形

如表 13-1 所示，我們的例子其實比較簡單，只是 2 色 3 形的笛卡兒積組合，如果再加入更多的顏色與形狀，笛卡兒積的結果數量會大得驚人。舉個例子，我們現有 7 種顏色和 10 種形狀，組合起來就有 70（7×10）種可能，假如設計程式時我們只用繼承的方式去實現每種可能，那麼至少需要 70 個類別。如果顏色與形狀不斷增多，系統可能會出現程式碼冗餘以及類別泛濫的情況，之後每加一種顏色或形狀都將舉步維艱，系統擴展工作將會是一場災難。如果利用橋接模式的設計，我們只需要 17（7+10）個類別便可以組裝成任意可能了，之後要擴展任何維度也是輕而易舉。

13.5　多姿多彩的世界

橋接模式構架了一種分化的結構模型，巧妙地將抽象與實現解耦，分離出了兩個維度（尺與畫筆），並允許其各自延伸和擴展，最終使系統更加鬆散、靈活，請參看橋接模式的類別結構（見圖 13-7）。

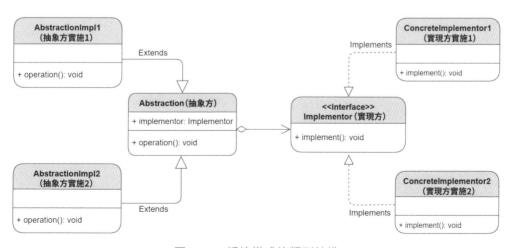

圖 13-7　橋接模式的類別結構

如圖 13-7 所示，我們可以把橋接模式分為「抽象方」與「實現方」兩個維度陣營，其中各角色的定義如下。

- Abstraction（抽象方）：抽象一方的高層介面，多以抽象類別形式出現並持有實現方的介面引用，對應本章常式中的畫筆類別。

- AbstractionImpl（抽象方實施）：繼承自抽象方的具體子類別實現，可以有多種實施並在抽象方維度上自由擴展，對應本章常式中的黑色畫筆和白色畫筆。

- Implementor（實現方）：實現一方的介面規範，從抽象方中剝離出來成為另一個維度，獨立於抽象方並不受其干擾，對應本章常式中的尺介面。

- ConcreteImplementor（實現方實施）：實現一方的具體實施類別，可以有多個實施並在實現方維度上自由擴展，對應本章常式中的正方形尺類別、三角形尺類別、圓形尺類別。

經濟發展靠分工，系統擴展靠抽離，橋接模式將抽象與實現徹底解耦，使形狀與顏色的糾葛終被化解，各自為營，互不侵擾。勞動分工實現了各種產品製造的自由擴展，使其能夠在各自維度上達成多型，無限延伸。橋梁作為經貿發展的紐帶更是不可或缺，它讓貿易雙方各盡其能，並達到合作共贏的狀態。產業鏈的形成則使原本的產品再次組合，具備更多的功能。多姿多彩的世界，一定離不開形形色色的自由組合。

行為篇

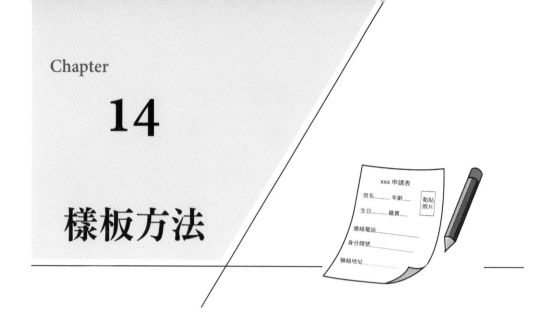

Chapter

14

樣板方法

樣板是對多種事物的結構、形式、行為的模式化總結,而樣板方法模式 (Template Method)則是對一系列類別行為(方法)的模式化。我們將總結出來的行為規律固化在基類別中,對具體的行為實現則進行抽象化並交給子類別去完成,如此便實現了子類別對基類別樣板的套用。

樣板方法模式非常類似於訂製表格(如上圖所示),設計者先將所有需要填寫的訊息標頭(欄位名)抽取出來,再將它們整合在一起成為一種既定格式的表格,最後讓填表人按照這個標準化樣板去填寫自己特有的訊息,而不必為書寫內容、先後順序、格式而感到困擾。

14.1　生存技能

除了填寫表格,我們的現實生活中還有很多樣板方法模式的實例,如工作流程、專案管理等。我們先從一個簡單的例子開始。如圖 14-1 所示,哺乳動物的生存技能(行為)是多樣化的,有的能上天,有的能入海,但都離不開覓食這個過程,如鯨在海裡覓食,蝙蝠在空中捕捉昆蟲,而人類則可以利用各種交通工具到想去的地方用餐。

圖 14-1　哺乳動物中的海陸空

如圖 14-1 所示，既然鯨、人類、蝙蝠都是動物，那麼一定得具備動物最基本的生存技能，所以我們建模時要體現其「動」與「吃」這兩種本能行為，缺一不可。基於此，我們開始程式碼實戰，先從動物生活之地──大海開始定義鯨類別，請參看程式 14-1。

程式 14-1　鯨類別 Whale

```
1.  public class Whale {
2.
3.      public void move() {
4.          System.out.print(" 鯨在水裡游著……");
5.      }
6.
7.      public void eat() {
8.          System.out.println(" 捕魚吃。");
9.      }
10.
11.     public void live() {
12.         move();
13.         eat();
14.     }
15.
16. }
```

如程式 14-1 所示，鯨類別第 3 行的移動方法 move() 以游泳的方式展現其移動能力，接著第 7 行的進食方法 eat() 則展現其吃魚這種行為特徵，最後第 11 行的生存方法 live() 則依次呼叫前兩者，以展現其游動身體捕魚吃的生存方式。接下來人類以另一種生存方式出現了，請參看程式 14-2。

程式 14-2　人類 Human

```
1.  public class Human {
2.
3.      public void move() {
4.          System.out.print(" 人類在路上開著車……");
```

```
5.     }
6.
7.     public void eat() {
8.         System.out.println(" 去公司賺錢、吃飯。");
9.     }
10.
11.    public void live() {
12.        move();
13.        eat();
14.    }
15.
16. }
```

如程式 14-2 所示，作為進階動物的人類同樣需要移動與進食，但人類不能像鯨那樣在水下生存，更不會用嘴捕魚。人類利用自己的聰明才智發明了交通工具，可以在第 3 行的移動方法 move() 中開車上路，並且在第 7 行的進食方法 eat() 中施展人類最為普遍的生存技能：上班、賺錢、吃飯。至於蝙蝠當然是飛行著才能捉到蟲子吃，我們先暫停一下，不急著去實現。

儘管人類的生存技能與鯨不同，但請注意程式碼第 11 行的生存方法 live()（生存方式）與鯨完全一致。也就是說，無論是鯨還是人類，都必須透過「移動」與「進食」才能活下去，這也是動物必須遵從的基本生存法則。

14.2　生存法則

從之前的程式碼中我們可以看到，雖然哺乳動物的生存技能有著天壤之別，但它們的生存方法 live() 毫無二致。倘若為每種動物都編寫一遍同樣的方法，必定會造成程式碼冗餘。我們不如將這個生存法則抽離出來，就像表格一樣，作為一個通用的樣板方法，定義在哺乳動物類別中，請參看程式 14-3。

程式 14-3　哺乳動物類別 Mammal

```
1.  public abstract class Mammal {
2.
3.      public abstract void move();
4.
5.      public abstract void eat();
6.
7.      public final void live() {
8.          move();
9.          eat();
```

```
10.        }
11.
12. }
```

如程式 14-3 所示，哺乳動物類別在第 3 行與第 5 行分別定義了「移動」與「進食」兩種動物本能，利用抽象方法關鍵字「abstract」宣告凡是哺乳動物必須實現這兩個行為。接著第 7 行的生存方法 live() 則以實體方法的形式出現，這就意味著所有哺乳動物都要以此為樣板，這便是我們要抽離出來的樣板方法了。可以看到第 8 行與第 9 行我們在樣板方法中分別呼叫了 move() 方法與 eat() 方法，固化下來的生存法則必須先「移動」再「進食」才能完成「捕食」。此外，我們使用了關鍵字「final」使此樣板方法不能被重寫修改。哺乳動物類別已經完成，我們得重構之前的鯨類與人類的程式碼，請參看程式 14-4、程式 14-5。

程式 14-4　鯨類別 Whale

```
1.  public class Whale extends Mammal {
2.
3.      @Override
4.      public void move() {
5.          System.out.print(" 鯨在水裡游著……");
6.      }
7.
8.      @Override
9.      public void eat() {
10.         System.out.println(" 捕魚吃。");
11.     }
12.
13. }
```

程式 14-5　人類 Human

```
1.  public class Human extends Mammal {
2.
3.      @Override
4.      public void move() {
5.          System.out.print(" 人類在路上開著車……");
6.      }
7.
8.      @Override
9.      public void eat() {
10.         System.out.println(" 去公司賺錢吃飯。");
11.     }
12.
13. }
```

如程式 14-4、程式 14-5 所示，鯨類與人類都繼承了哺乳動物基類，較之前的程式碼更加簡單了，它們只需要實現自己獨特的生存技能 move() 與 eat()，至於生存方法 live() 則直接由基類別而來。哺乳動物的基因樣板得以繼承，容不得半點改動。至此，樣板方法模式已經構建完成，如果還有其他哺乳動物加入，只需照貓畫虎，例如我們未完成的蝙蝠類別，請參看程式 14-6。

程式 14-6　蝙蝠類別 Bat

```
1.   public class Bat extends Mammal {
2.
3.       @Override
4.       public void move() {
5.           System.out.print(" 蝙蝠在空中飛著……");
6.       }
7.
8.       @Override
9.       public void eat() {
10.          System.out.println(" 抓小蟲吃。");
11.      }
12.
13.  }
```

如程式 14-6 所示，蝙蝠讓天空也出現了哺乳動物的身影。至此，哺乳動物遍布海、陸、空，物種更加豐富多樣了。最後我們來看在用戶端如何讓哺乳動物們生龍活虎起來，請參看程式 14-7。

程式 14-7　用戶端類別 Client

```
1.   public class Client {
2.
3.       public static void main(String[] args) {
4.           Mammal mammal = new Bat();
5.           mammal.live();
6.
7.           mammal = new Whale();
8.           mammal.live();
9.
10.          mammal = new Human();
11.          mammal.live();
12.
13.          /* 輸出
14.              蝙蝠在空中飛著……抓小蟲吃。
15.              鯨在水裡游著……捕魚吃。
16.              人類在路上開著車……去公司賺錢吃飯。
17.          */
```

```
18.    }
19.
20. }
```

如程式 14-7 所示，哺乳動物統一呼叫了通用的樣板方法 live()，以此作為生存法
則就能很好地存活下去。可以看到第 13 行的輸出中，動物們都擁有各自的生存技
能，在自然環境下各顯神通。

14.3　專案管理樣板

樣板方法非常簡單實用，我們可以讓它再包含一些邏輯，就像一套既定的工作流
程，來為後人鋪路。如圖 14-2 所示，當我們做一些簡單的軟體專案管理時，常常
會採用傳統的瀑布模型，這時我們可以把整個專案週期分為五個階段，分別是需
求分析、軟體設計、程式碼開發、品質測試、上線發布。

圖 14-2　軟體專案管理

要以樣板方法模式來實現專案管理的瀑布模型，我們首先得定義一個瀑布模型專
案管理類別，抽象出所有專案階段以供實體方法呼叫，請參看程式 14-8。

程式 14-8　瀑布模型專案管理類別 PM

```
1.  public abstract class PM {
2.
3.      public abstract String analyze();// 需求分析
4.
5.      public abstract String design(String project);// 軟體設計
6.
7.      public abstract String develop(String project);// 程式碼開發
8.
```

```
9.      public abstract boolean test(String project);// 品質測試
10.
11.     public abstract void release(String project);// 上線發布
12.
13.     protected final void kickoff() {
14.         String requirement = analyze();
15.         String designCode = design(requirement);
16.         do {
17.             designCode = develop(designCode);
18.         } while (!test(designCode));// 如果測試失敗則需修改程式碼
19.         release(designCode);
20.     }
21.
22. }
```

如程式 14-8 所示，瀑布模型專案管理類別從第 3 行到第 11 行分別宣告了專案管理週期中各階段的分步抽象方法，其中包括需求分析 analyze()、軟體設計 design()、程式碼開發 develop()、品質測試 test()、上線發布 release()。這些步驟的實現統統由子類別去自由發揮，例如第 9 行的品質測試方法 test()，子類別可以進行人工測試，也可以實現自動化測試，此處不必關心這些實現細節。站在專案管理的角度來看，抽象類別應該關注的是對大局的操控，把控專案進度，避免造成資源浪費，像是程式設計師在沒有確立技術框架的情況下就進行程式碼開發，難免會引入不必要的工作量，可見樣板方法的重要性。基於此，我們在程式碼第 13 行定義了樣板方法，在專案啟動方法 kickoff() 中從宏觀上制訂了整個專案的固定流程，由第 14 行開始首先進行需求分析，再交給架構師進行軟體設計，接著程式設計師設計檔案進行程式碼開發或者修改 bug 的迭代流程，直至測試通過為止，最終上線發布。整個專案的實施階段被組織起來，充分展現了瀑布模型專案週期。

瀑布模型的樣板已經準備就緒，下面輪到具體的專案子類別去填補（實現）空缺了。碰巧這時公司決定開發一套人力資源管理系統，由於專案比較簡單，預估在一個季度內就能完成，因此專案組決定用瀑布模型進行管理。於是我們果斷立項並繼承了瀑布模型樣板，請參看程式 14-9。

程式 14-9　人力資源管理系統專案類別 HRProject

```
1.  public class HRProject extends PM {
2.
3.      private Random random = new Random();
4.
5.      @Override
```

```
 6.    public String analyze() {
 7.        System.out.println(" 分析師:需求分析……");
 8.        return "人力資源管理系統需求 ";
 9.    }
10.
11.    @Override
12.    public String design(String project) {
13.        System.out.println(" 架構師:程式設計……");
14.        return " 設計 (" + project + ") ";
15.    }
16.
17.    @Override
18.    public String develop(String project) {
19.        // 修復 bug
20.        if (project.contains("bug")) {
21.            System.out.println(" 開    發:修復 bug……");
22.            project = project.replace("bug", "");
23.            project = " 修復 (" + project + ") ";
24.            if (random.nextBoolean()) {
25.                project += "bug";// 可能會引起另一個 bug
26.            }
27.            return project;
28.        }
29.
30.        // 開發系統功能
31.        System.out.println(" 開    發:寫程式碼……");
32.        if (random.nextBoolean()) {
33.            project += "bug";// 可能會產生 bug
34.        }
35.        return " 開發 (" + project + ") ";
36.    }
37.
38.    @Override
39.    public boolean test(String project) {
40.        if (project.contains("bug")) {
41.            System.out.println(" 測    試:發現 bug……");
42.            return false;
43.        }
44.        System.out.println(" 測    試:用例通過……");
45.        return true;
46.    }
47.
48.    @Override
49.    public void release(String code) {
50.        System.out.println(" 管理員:上線發布……");
51.        System.out.println("==================== 最終產品 ====================");
52.        System.out.println(code);
53.        System.out.println("=================================================");
54.    }
55. }
```

如程式 14-9 所示，人力資源管理系統專案類別繼承了瀑布模型專案管理類別，並按照專案自身特性實現了所有專案階段的分步方法，如第 18 行的開發方法 develop()，如果程式碼包含 bug 則首先修復，否則開發系統功能，此過程也許會引入新的 bug，所以第 39 行的測試方法 test() 會發現 bug 並進行上報，以確保產品品質。更多的實現細節請讀者自行思考、實踐，我們就不做過多解釋了。

除此之外，人力資源管理系統還需要與外部應用進行互動，由於只需要提供幾個簡單的功能介面，因此專案組決定不分配過多的資源，所有工作都由開發人員完成。專案同樣使用瀑布模型樣板進行管理，請參看程式 14-10。

程式 14-10　API 專案類別 APIProject

```
1.   public class APIProject extends PM {
2.
3.       private Random random = new Random();
4.
5.       @Override
6.       public String analyze() {
7.           System.out.println("開  發:了解需求……");
8.           return "市場占比統計報表 API";
9.       }
10.
11.      @Override
12.      public String design(String project) {
13.          System.out.println("開  發:調研微服務框架……");
14.          return "設計 (" + project + ")";
15.      }
16.
17.      @Override
18.      public String develop(String project) {
19.          //API 功能開發
20.          System.out.println("開  發:業務程式碼修改及開發……");
21.          project = project.replaceAll("bug", "");
22.          project = "開發 (" + project + (random.nextBoolean() ? "bug)" : ")");
23.          return project;
24.      }
25.
26.      @Override
27.      public boolean test(String project) {
28.          // 單元測試、整合測試
29.          System.out.println("平  台:自動化單元測試、整合測試……");
30.          return !project.contains("bug");
31.      }
32.
33.      @Override
34.      public void release(String project) {
```

```
35.          System.out.println(" 開    發：發布至雲服務平台……");
36.          System.out.println("=================== 最終產品 ===================");
37.          System.out.println(project);
38.          System.out.println("==========================================");
39.      }
40.
41. }
```

如程式 14-10 所示，由於 API 專案的特殊性，開發人員承擔了所有工作，程式碼
邏輯看起來也相對簡單。例如在第 12 行的軟體設計方法 design() 中，開發人員研
究了微服務框架並省去了很多程式碼開發工作，在第 18 行的開發方法 develop()
中開發人員一併完成了 bug 修復及 API 功能開發工作，第 27 行的測試方法 test()
將測試工作交給了自動化測試平台，測試自動化省去了很多人力成本……最後，
我們來看專案管理者如何開展這兩個專案，請參看程式 14-11。

程式 14-11　用戶端類別 Client

```
1.  public class Client {
2.
3.      public static void main(String[] args) {
4.          PM pm = new HRProject();
5.          pm.kickoff();
6.          /* 輸出
7.              分析師：需求分析……
8.              架構師：程式設計……
9.              開    發：寫程式碼……
10.             測    試：發現 bug……
11.             開    發：修復 bug……
12.             測    試：發現 bug……
13.             開    發：修復 bug……
14.             測    試：用例通過……
15.             管理員：上線發布……
16.             =================== 最終產品 ===================
17.             修復（修復（開發（設計（人力資源管理系統需求））））
18.             ==========================================
19.          */
20.
21.         pm = new APIProject();
22.         pm.kickoff();
23.         /* 輸出
24.             開    發：了解需求……
25.             開    發：調研微服務框架……
26.             開    發：業務程式碼修改及開發……
27.             平    台：自動化單元測試、整合測試……
28.             開    發：業務程式碼修改及開發……
29.             平    台：自動化單元測試、整合測試……
```

```
30.              開　發：發布至雲服務平台……
31.              ==================== 最終產品 ====================
32.              開發（開發（設計（市場占比統計報表 API）））
33.              =================================================
34.         */
35.     }
36.
37. }
```

如程式 14-11 所示，人力資源管理系統專案參與人員更多，開發與測試迭代了幾輪後才得以交付上線；API 專案則沒有耗費太多的資源，大部分工作由開發人員自行完成。雖然這兩個專案的具體實施細節有很大區別，但它們的專案管理工作都是從樣板中繼承而來的，都按照瀑布模型的樣板方法來進行。換句話說，各個專案的具體實施方法可以根據專案特性自由發揮，但專案流程的管理規範則必須按照既定樣板（樣板方法）來實行。

當然，對於基礎類別樣板中的步驟方法並不是必須要用抽象方法，而是完全可以用實體方法去實現一些通用的操作。如果子類別需要個性化就對其進行重寫變更，不需要就直接繼承。做軟體設計切勿生搬硬套、照本宣科，能夠根據實際的狀況進行適當的變通，才是對設計模式更靈活、更恰當的運用。

14.4　虛實結合

總之，樣板方法模式可以將總結出來的規律沉澱為一種既定格式，並固化於樣板中以供子類別繼承，對未確立下來的步驟方法進行抽象化，使其得以延續、多型化，最終架構起一個平台，使系統實現在不改變預設規則的前提下，對每個分步驟進行個性化定義的目的。下面我們來拆解樣板方法模式的類別結構，如圖 14-3 所示。

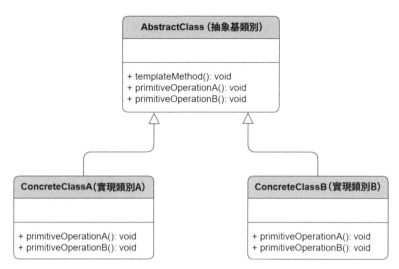

圖 14-3　樣板方法模式的類別結構

樣板方法模式的各角色定義如下。

- AbstractClass（抽象基類別）：定義出原始操作步驟的抽象方法（primitiveOperation）以供子類別實現，並作為在樣板方法中被呼叫的一個步驟。此外還實現了不可重寫的樣板方法，其可將所有原始操作組織起來成為一個框架或者平台。對應本章常式中的瀑布模型專案管理類別 PM。

- ConcreteClassA、ConcreteClassB（實現類別 A、實現類別 B）：繼承自抽象基類別並且對所有的原始操作進行分步實現，可以有多種實現以呈現每個步驟的多樣性。對應本章常式中的人力資源管理系統專案類別 HRProject、API 專案類別 APIProject。

樣板方法模式巧妙地結合了抽象類別虛部方法與實部方法，分別定義了可變部分與不變部分，其中前者留給子類別去實現，保證了系統的可擴展性；而後者則包含一系列對前者的邏輯呼叫，為子類別提供了一種固有的應用指導規範，從而達到虛中帶實、虛實結合的狀態。正所謂「人法地、地法天、天法道、道法自然」，虛實結合、剛柔並濟才能靈活且不失規範。

Chapter

15

迭代器

迭代，在程式中特指對某集合中各元素逐個取用的行為。迭代器模式
（Iterator）提供了一種機制來按順序存取集合中的各元素，而不需要知道
集合內部的構造。換句話說，迭代器滿足了對集合迭代的需求，並向外部提供了
一種統一的迭代方式，而不必暴露集合的內部資料結構。

15.1　物以類聚

迭代的過程是基於一系列資料展開的，所以集合是不得不提的概念。物以類聚，
集合是由一個或多個確定的元素構成的整體，其實就是把一系列類似的元素按某
種資料結構集結起來，作為一個整體來引用，以便於維護。簡單來講，可以把集
合理解為「一堆」或者「一群」類似元素集結起來的整體。為了承載不同的資料
形式，集合類提供了多種多樣的資料結構，如我們常用的 ArrayList、HashSet、
HashMap 等，具體分類別結構如圖 15-1 所示。

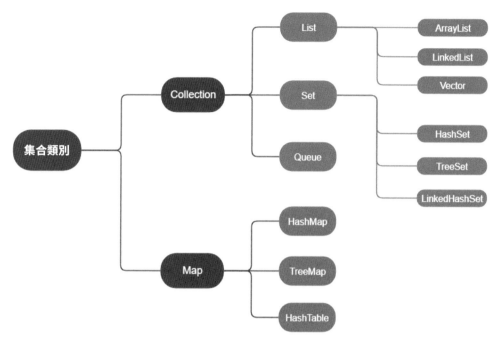

圖 15-1　集合類別結構

每種集合都有不同的特性,可以滿足對各種資料結構的承載需求。有了集合才會產生對其迭代的需求,而每種資料結構的迭代方式又不盡相同,所以,定義標準化的迭代器勢在必行,以提供統一、通用的使用方法。

15.2　循環往復

遍歷是一種周而復始的動作。生活中也有很多這樣的場景,例如生產線上對每件產品加工過程的重複,再如讀書時對每一頁的翻閱動作的重複。為了達到遍歷的目的,對元素的迭代是必不可少的。而迭代器則可以幫助我們對目前狀態進行自動記錄,並提供獲取下一個元素的方法。

如圖 15-2 所示,書是由很多頁元素組成的集合,我們讀書時通常是從前往後翻閱,這時頁碼會按翻閱順序逐步增大,如此才能將書頁連接起來以保證內容的連續性和完整性,這個過程就可以被看作對整本書的迭代遍歷。

圖 15-2　書籍翻閱

在我們的閱讀過程中，有時會運用一些工具來記錄我們的閱讀狀態。像是書籤，我們會將它夾在書頁中標記目前的閱讀位置，下次閱讀時就不會忘記上次讀到哪一頁了。從某種程度上講，書籤有點類似於迭代器的角色，它記錄著讀者存取書頁的迭代狀態。

當然，不迭代也是可以進行遍歷的，但會不可避免地產生大量重複程式碼。我們先來看一個反例，仍以讀書為例，我們來看如何不使用迭代方式來遍歷全書，請參看程式 15-1。

程式 15-1　非迭代遍歷全書

```
1.  public class Book {
2.
3.      class Page {
4.          private int index;
5.
6.          public Page(int index){
7.              this.index = index;
8.          }
9.
10.         @Override
11.         public String toString(){
12.             return "閱讀第" + this.index + "頁";
13.         }
14.     }
15.
16.     private List<Page> pages = new ArrayList<>();
17.
18.     public Book(int pageSize) {
19.         for (int i = 0; i < pageSize; i++) {
20.             pages.add(new Page(i+1));
21.         }
22.     }
23.
24.     public void read(){
25.         System.out.println(pages.get(0));
26.         System.out.println(pages.get(1));
27.         System.out.println(pages.get(2));
28.         System.out.println(pages.get(3));
29.         System.out.println("......");
30.         System.out.println(pages.get(99));
31.     }
32.
33. }
```

如程式 15-1 所示，基於常見的 ArrayList 作為頁的集合，我們可以看到這是一本 100 頁的書。第 24 行的閱讀方法 read() 的確對全書進行了遍歷，但其中除了頁碼不同，每行程式碼完全是一模一樣的，如此重複且寫死的遍歷方式絕對是不可取的。所以我們改用循環迭代的方式進行遍歷，如此不但能大量減少程式碼量，而且不必考慮書頁數量，最終同樣能達到遍歷全書的目的。我們可用 foreach 循環來完成這個任務，請參看程式 15-2。

程式 15-2　迭代遍歷全書

```
1.      // 之前程式碼省略
2.      public void read(){
3.          for (Page page : pages) {
4.              System.out.println(page);
5.          }
6.      }
```

foreach 是 Java5 中導入的一種 for 語法增強。如果我們對 class 檔案進行反編譯就會發現，對 Collection 介面的各種實現類別來說，foreach 本質上還是透過取得反覆運算器（Iterator）來遍歷的。

15.3　遍歷標準化

不同的資料結構需要不同的集合類別，而針對不同的集合類別的迭代方式也不盡相同，如 for、foreach、while，甚至 Java8 引入的流式遍歷等。舉個例子，我們可以使用傳統的 for 循環對 List 集合進行迭代遍歷，而對於 Set 集合，for 循環就無能為力了，這是因為 Set 本身集合不存在 index 索引號，所以必須用 foreach 循環（迭代器 Iterator）進行遍歷。難道就沒有一種通用的迭代標準，能讓呼叫者使用統一的方式進行遍歷嗎？如果我們深究原始碼就會發現，Collection 介面中有這樣一個介面，請參看程式 15-3。

程式 15-3　Collection 介面原始碼

```
/**
 * Returns an iterator over the elements in this collection.  There are no
 * guarantees concerning the order in which the elements are returned
 * (unless this collection is an instance of some class that provides a
 * guarantee).
```

```
 *
 * @return an <tt>Iterator</tt> over the elements in this collection
 */
Iterator<E> iterator();
```

如程式 15-3 所示，這是 Collection 介面的一段原始碼，可以看到其明確宣告了獲取迭代器的介面 iterator()，透過呼叫這個介面就可以返回標準的迭代器物件。既然有了這種標準，那麼 Collection 這集合類別就可以實現自己的迭代器。而 Map 集合也可以按照同樣的方式，從其 EntrySet 中獲取迭代器。可見，標準化的迭代器其實已經被各種集合類別實現了，否則使用者就無法站在 Collection 介面的抽象高度上對任何集合進行統一遍歷。

舉一個具體的例子，如圖 15-3 所示，作為一種擁有特殊資料結構的集合，彈夾可以容納多顆子彈。向彈夾內裝填子彈與壓堆疊操作非常類似，而射擊則類似於出堆疊操作。首先要彈出最後一次裝填的子彈，子彈發射後再彈出下一顆子彈，直到彈出裝填的第一顆子彈為止，最後彈夾被清空，遍歷結束。這與堆疊集合「先進後出，後進先出」的資料結構如出一轍。

圖 15-3　彈夾集合

除了這些，彈夾的結構其實還有很多種，不同的資料結構使它們的迭代邏輯也有所不同。而站在槍枝的角度看（集合的使用者），它對彈夾的內部構造一無所知，因此將各種彈夾的遍歷方式標準化就顯得非常重要。於是我們就需要讓所有彈夾都提供標準統一的迭代介面，這樣槍枝與其對接後只需簡單地呼叫介面就能取出下一顆子彈了，以此遍歷直到取空為止。從邏輯層面上講，遍歷方式的標準化使槍枝可以使用任何類型的彈夾。

15.4 分離迭代器

在 15.3 節的常式中,我們使用了比較普遍的資料結構 ArrayList,它是 JDK 內建的集合類別實現,所以我們能夠順理成章地使用標準迭代方式進行遍歷。倘若我們需要新定義一個特殊的集合類別,那麼該如何進行迭代呢?我們來挑戰一個比較複雜的資料結構,其迭代器的實現一定會更加有趣。

如圖 15-4 所示,汽車前擋風玻璃上安裝了一台行車記錄器,它最主要的一項功能就是記錄行駛路途中所拍攝的影片訊息,以防發生交通事故後作為證據之用。我們知道,行車記錄器所記錄下來的影片檔案是比較大的,同時其儲存空間又有限,那麼它是如何確保一直不間斷地錄製影片,且儲存空間不被占滿呢?這就需要我們深究其內部資料結構了。

圖 15-4　行車記錄器

其實,行車記錄器的影片存檔有循環覆寫的特性,待空間不夠用時,新的影片就會覆蓋最早的影片,以首尾相接的環形結構來解決儲存空間有限的問題。好,我們開始構建這個資料模型,首先定義一個行車記錄器類別,請參看程式 15-4。

程式 15-4　行車記錄器類別 DrivingRecorder

```
1.  public class DrivingRecorder {
2.
3.      private int index = -1;// 目前記錄位置
4.      private String[] records = new String[10];// 假設只能記錄 10 段影片
5.
6.      public void append(String record) {
7.          if (index == 9) {// 索引重設,從頭覆蓋
8.              index = 0;
9.          } else {// 正常覆蓋下一條
10.             index++;
11.         }
12.         records[index] = record;
```

```
13.      }
14.
15.      public void display() {// 循環陣列並顯示所有 10 筆紀錄
16.          for (int i = 0; i < 10; i++) {
17.              System.out.println(i + ": " + records[i]);
18.          }
19.      }
20.
21.      public void displayByOrder() {// 按順序從新到舊顯示 10 筆紀錄
22.          for (int i = index, loopCount = 0; loopCount < 10; i = i == 0 ? i = 9 : i - 1, loopCount++) {
23.              System.out.println(records[i]);
24.          }
25.      }
26.
27. }
```

如程式 15-4 所示，假設行車記錄器的儲存空間只夠儲存 10 段影片，我們首先在第 4 行定義了一個原始的字串陣列 records，用來模擬影片記錄，並在第 3 行用一個索引 index 來標記目前記錄所在位置。當使用者呼叫第 6 行的 append() 方法插入影片之前，我們得先看空間有沒有滿，如果滿了就把索引調整到起始位置再記錄影片，也就是覆蓋索引第一個位置的影片，否則將索引加 1 覆蓋下一段影片。影片循環覆蓋邏輯已經完成了，為了給使用者顯示，我們提供了兩個顯示方法：一個是第 15 行的 display() 方法，可以按預設陣列順序顯示；另一個是第 21 行的 displayByOrder() 方法，可以根據使用者習慣從新到舊地顯示內容。此處循環邏輯有些複雜，但不是我們的關注重點，讀者可以略過。下面用戶端開始使用這個行車記錄器了，請參看程式 15-5。

程式 15-5　用戶端類別 Client

```
1.   public class Client {
2.
3.       public static void main(String[] args) {
4.           DrivingRecorder dr = new DrivingRecorder();
5.           // 假設要記錄 12 段影片
6.           for (int i = 0; i < 12; i++) {
7.               dr.append("影片 _" + i);
8.           }
9.           dr.display();
10.          /* 按原始順序顯示，【影片 0】與【影片 1】分別被【影片 10】與【影片 11】覆蓋了
11.              0: 影片 _10
12.              1: 影片 _11
13.              2: 影片 _2
14.              3: 影片 _3
15.              4: 影片 _4
```

```
16.              5: 影片 _5
17.              6: 影片 _6
18.              7: 影片 _7
19.              8: 影片 _8
20.              9: 影片 _9
21.        */
22.        dr.displayByOrder();
23.        /* 按順序從新到舊顯示
24.            影片 _11
25.            影片 _10
26.            影片 _9
27.            影片 _8
28.            影片 _7
29.            影片 _6
30.            影片 _5
31.            影片 _4
32.            影片 _3
33.            影片 _2
34.        */
35.    }
36.
37. }
```

如程式 15-5 所示，用戶端一共記錄了 12 段影片，超出了行車記錄器儲存空間的最大容量數（10 段影片），這會不會導致行車記錄器儲存空間的溢位異常呢？實踐出真知，我們在第 9 行呼叫了它的顯示方法 display()，正如執行結果顯示，「影片 _10」和「影片 _11」這兩段影片先後分別覆蓋了最早記錄下來的「影片 _0」和「影片 _1」，一切如願，行車記錄器的循環覆蓋機制工作正常。

然而，我們只實現了簡單的顯示功能，如果使用者需要使用集合中的原始資料，該如何遍歷所有記錄呢？我們提供的介面好像過於死板，可擴展性不夠。有讀者可能會說，直接將資料記錄 records 暴露出去給使用者不就可以了嗎？如此簡單粗暴的做法確實能達到目的，但是這會嚴重破壞行車記錄器的資料邏輯封裝。使用者對索引位置等內部狀態訊息一無所知，也不會進行維護，如果使用者隨意對資料進行增加或刪除就會導致索引位置錯亂，再繼續記錄很可能會覆蓋最新、最重要的影片訊息，導致使用者資料安全無法得到保障。

看來定義迭代器是有必要的，如此我們不但可以避免使用者隨意操作而導致的內部邏輯混亂，還能提供給使用者更方便、統一的資料遍歷介面。我們知道，集合只是一個資料的容器，不應該對資料的迭代負責，所以我們應該將迭代邏輯抽離出來，獨立於迭代器中。定義迭代器介面，請參看程式 15-6。

程式 15-6　迭代器介面 Iterator

```
1.   public interface Iterator<E> {
2.
3.       E next();// 返回下一個元素
4.
5.       boolean hasNext();// 是否還有下一個元素
6.
7.   }
```

如程式 15-6 所示，迭代器介面中只定義了兩個功能介面，其中第 3 行的 next() 方法用於返回下一個元素，而第 5 行的 hasNext() 方法用於詢問迭代器是否還有下一個元素，此處我們做了適度簡化，當然直接使用 Java 工具包 util 中內建的 Iterator 介面也是可以的。接下來我們就要對之前的行車記錄器進行重構，首先我們讓它實現 JDK 提供的介面 Iterable（程式碼比較簡單，我們就不親自寫了，讀者可以自行查看原始碼），使其擁有建立迭代器 iterator 的能力，請參看程式 15-7。

程式 15-7　行車記錄器類別 DrivingRecorder

```
1.   public class DrivingRecorder implements Iterable<String>{
2.
3.       private int index = -1;// 目前記錄位置
4.       private String[] records = new String[10];// 假設只能記錄 10 段影片
5.
6.       public void append(String record) {
7.           if (index == 9) {// 索引重設，從頭覆蓋
8.               index = 0;
9.           } else {
10.              index++;
11.          }
12.          records[index] = record;
13.      }
14.
15.      @Override
16.      public Iterator<String> iterator() {
17.          return new Itr();
18.      }
19.
20.      private class Itr implements Iterator<String> {
21.          int cursor = index;// 迭代器游標，不波及原始集合索引
22.          int loopCount = 0;
23.
24.          @Override
25.          public boolean hasNext() {
26.              return loopCount < 10;
27.          }
```

```
28.
29.        @Override
30.        public String next() {
31.            int i = cursor;// 記錄即將返回的游標位置
32.            if (cursor == 0) {
33.                cursor = 9;
34.            } else {
35.                cursor--;
36.            }
37.            loopCount++;
38.            return records[i];
39.        }
40.    };
41.
42. }
```

如程式 15-7 所示，行車記錄器類別在第 16 行實現了 Iterable 介面的 iterator() 方法，並實例化一個迭代器並返回用戶端。接著我們在第 20 行以內部類別的形式實現了行車記錄器的迭代器，這樣就能使迭代器輕鬆存取行車記錄器的私有資料集，並同時達到了迭代器與集合分離的目的。迭代器實現的重點在於第 21 行定義的迭代器游標 cursor，我們將其初始化為集合索引的位置，二者相對獨立，自此再無瓜葛。接著是對迭代器介面標配的兩個方法 hasNext() 與 next() 的實現，相較於重構之前，程式碼看起來簡單多了，相信讀者可以輕鬆理解，我們就不贅述了。最後，用戶端可以進行遍歷了，請參看程式 15-8。

程式 15-8　用戶端 Client

```
1.  public class Client {
2.
3.      public static void main(String[] args) {
4.          DrivingRecorder dr = new DrivingRecorder();
5.
6.          // 假設記錄了 12 段影片
7.          for (int i = 0; i < 12; i++) {
8.              dr.append("影片 _" + i);
9.          }
10.
11.         // 使用者的隨身碟，用於複製交通事故影片
12.         List<String> uStorage = new ArrayList<>();
13.
14.         // 獲取迭代器
15.         Iterator<String> it = dr.iterator();
16.
17.         while (it.hasNext()) {// 如果還有下一條則繼續迭代
18.             String video = it.next();
```

```
19.          System.out.println(video);
20.          // 使用者翻看影片發現第 10 條和第 8 條可作為證據
21.          if(" 影片 _10".equals(video) || " 影片 _8".equals(video)){
22.              uStorage.add(video);
23.          }
24.      }
25.
26.      /* 從新到舊輸出結果
27.          影片 _11
28.          影片 _10
29.          影片 _9
30.          影片 _8
31.          影片 _7
32.          影片 _6
33.          影片 _5
34.          影片 _4
35.          影片 _3
36.          影片 _2
37.      */
38.
39.      // 最後將隨身碟交給交警查看
40.      System.out.println(" 事故證據：" + uStorage);
41.      /* 輸出結果
42.          事故證據：[ 影片 _10, 影片 _8]
43.      */
44.      }
45.
46. }
```

如程式 15-8 所示，依然假設行車記錄器記錄了 12 段影片，在使用者對影片集進行遍歷前首先於第 15 行獲取迭代器，然後利用迭代器 Iterator 的 hasNext() 方法作為 while 循環的條件，如果有下一條資料則繼續迭代，否則結束遍歷。循環體內我們呼叫迭代器的 next() 方法獲取下一條資料進行處理，直至循環結束。可以看到，第 21 行使用者將「影片 _10」與「影片 _8」複製至隨身碟作為證據，最終在第 42 行成功輸出結果。

至此，我們實現的迭代器已經基本完成，使用者不但可以使用 Iterator 進行迭代，而且 foreach 循環也得到了支援，使用者再也不必為捉摸不定的迭代方式而煩惱了。當然，為保持簡單，我們並沒有實現迭代器的所有功能介面，例如對 remove() 功能介面的實現，利用這個介面使用者便可以刪除影片記錄了。讀者可以在此基礎上繼續程式碼實踐，需要注意的是對迭代器游標的控制。

15.5　魚與熊掌兼得

最後，來整理一下集合迭代器的整個實現過程。為了完成對各種集合類別的遍歷，我們定義了統一的迭代器介面 Iterator，基於此我們讓集合以內部類別的方式實現其特有的迭代邏輯，再將自己標記為 Iterable 並返回迭代器實例，以證明自己是具備迭代能力的。具體的集合內部結構與迭代邏輯對於用戶端這個「局外人」是透明的，用戶端只需要知道這個集合是可以迭代的，並向集合發起迭代請求以獲取迭代器即可進行標準方式的遍歷。迭代器模式的類別結構，如圖 15-5 所示。

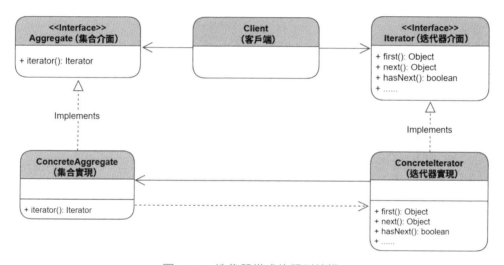

圖 15-5　迭代器模式的類別結構

迭代器模式的各角色定義如下。

- Aggregate（集合介面）：集合標準介面，一種具備迭代能力的指標。對應本章常式中的 Iterable 介面。

- ConcreteAggregate（集合實現）：實現集合介面 Aggregate 的具體集合類別，可以實例化並返回一個迭代器以供外部使用。對應本章常式中的行車記錄器類別 DrivingRecorder。

- Iterator（迭代器介面）：迭代器的介面標準，定義了進行迭代操作所需的一些方法，如 next()、hasNext() 等。

- ConcreteIterator（迭代器實現）：迭代器介面 Iterator 的具體實現類別，記錄迭代狀態並對外部提供所有迭代器功能的實現。

- Client（客戶端）：集合資料的使用者，需要從集合獲取迭代器再進行遍歷。

對於任何類型的集合，要防止內部機制不被暴露或破壞，以及確保使用者對每個元素有足夠的存取權限，迭代器模式發揮了至關重要的作用。迭代器巧妙地利用了內部類別的形式與集合類別分離，然則「藕斷絲連」，迭代器依然對其內部的元素保有存取權限，如此便促成了集合的完美封裝，在此基礎上還提供給使用者一套標準的迭代器介面，使各種繁雜的遍歷方式得以統一。迭代器模式的應用，能在內部事務不受干涉的前提下，保持一定的對外部開放，讓我們「魚與熊掌兼得」。

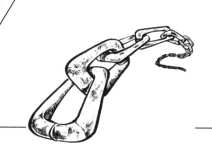

責任鏈是由很多責任節點串聯起來的一條任務鏈條，其中每一個責任節點都是一個業務處理環節。責任鏈模式（Chain of Responsibility）允許業務請求者將責任鏈視為一個整體並對其發起請求，而不必關心鏈條內部具體的業務邏輯與流程走向，也就是說，請求者不必關心具體是哪個節點起了作用，總之業務最終能得到相應的處理。在軟體系統中，當一個業務需要經歷一系列業務物件去處理時，我們可以把這些業務物件串聯起來成為一條業務責任鏈，請求者可以直接透過存取業務責任鏈來完成業務的處理，最終實現請求者與回應者的解耦。

16.1　簡單的生產線

倘若一個系統中有一系列零散的功能節點，它們都負責處理相關的業務，但處理方式又各不相同。這時客戶面對這麼一大堆功能節點可能無從下手，根本不知道選擇哪個功能節點去提交請求，返回的結果也許只是個半成品，還得再次提交給下一個功能節點，處理過程相當煩瑣。雖然從某種角度看，每個功能節點均承擔各自的義務，分工明確、各司其職，但從外部來看則顯得毫無組織，團隊猶如一盤散沙。所以為了更有效率、更完整地解決客戶的問題，各節點一定要發揚團隊精神，利用責任鏈模式組織起來，形成一個有序、有效的業務處理叢集，為客戶提供更方便、更快捷的服務。

以最簡單的責任鏈舉例，汽車生產線的製造流程就使用了這種模式。首先我們進行勞動分工，將汽車零件的安裝工作分割並分配給各安裝節點，責任明確劃分；然後架構生產線，將安裝節點組織起來，首尾相接，規劃操作流程；最終，透過生產線的傳遞，汽車便從零件到成品得以量產，生產效率大大提升。

如圖 16-1 所示，我們將汽車生產線從左至右分為三個功能節點，其中 A 節點負責組裝車架、安裝車輪；B 節點負責安裝發動機、油箱、傳動軸等內部機件；C 節點進行組裝外殼、噴漆等操作，這樣將產品逐級傳遞，每經過一個節點就完成一部分工作，最終完成產品交付。

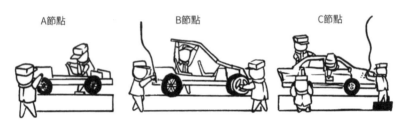

圖 16-1　汽車生產線

16.2　工作流程分割

生產線的例子其實相對機械、簡單，我們來看一個帶有一些邏輯的責任鏈：報銷審批流程。公司為了更有效率、安全地控管審核工作，通常會將整個審批工作過程按負責人或者工作職責進行分割，並組織好各個環節中的邏輯關係及走向，最終形成標準化的審批流程，如圖 16-2 所示。

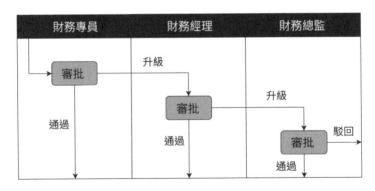

圖 16-2　報銷審批流程

如圖 16-2 所示，審批流程需要依次透過財務專員、財務經理、財務總監的審批。如果申請金額在審批人的審批職權範圍內則審批透過並終止流程，反之則會升級至更高層級的上級去繼續審批，直至最終的財務總監，如果仍舊超出財務總監的審批金額則駁回申請，流程終止。

我們思考一下該如何設計這個審批流程，如果將業務邏輯寫在一個類別中去完成，還不至於太煩瑣，但是如果需要進一步修改審批流程，我們就必須不斷地更改這段邏輯程式碼，導致可擴展性、可維護性變差，完全談不上任何設計。因此，我們有必要首先按角色對業務進行分割，將不同的業務程式碼放在不同的角色類別中，如此達到職權分拆的目的，可維護性也能提高。

16.3　踢皮球

基於圖 16-2 的審批流程圖，我們來做一個簡單的實例。假設某公司的報銷審批流程有 3 個審批角色，分別是財務專員（1000 元審批權限）、財務經理（5000 元審批權限）以及財務總監（10000 元審批權限），依次對應程式 16-1，程式 16-2 以及程式 16-3。

程式 16-1　財務專員類別 Staff

```
1.  public class Staff {
2.
3.     private String name;
4.
5.     public Staff(String name) {
6.         this.name = name;
7.     }
8.
9.     public boolean approve(int amount) {
10.        if (amount <= 1000) {
11.            System.out.println("審批通過。【專員：" + name + "】");
12.            return true;
13.        } else {
14.            System.out.println("無權審批，請找上級。【專員：" + name + "】");
15.            return false;
16.        }
17.    }
18.
19. }
```

程式 16-2　財務經理類別 Manager

```
1.   public class Manager {
2.
3.       private String name;
4.
5.       public Manager(String name) {
6.           this.name = name;
7.       }
8.
9.       public boolean approve(int amount) {
10.          if (amount <= 5000) {
11.              System.out.println(" 審批通過。【經理：" + name + "】");
12.              return true;
13.          } else {
14.              System.out.println(" 無權審批，請找上級。【經理：" + name + "】");
15.              return false;
16.          }
17.      }
18.
19.  }
```

程式 16-3　財務總監類別 CFO

```
1.   public class CFO {
2.
3.       private String name;
4.
5.       public CFO(String name) {
6.           this.name = name;
7.       }
8.
9.       public boolean approve(int amount) {
10.          if (amount <= 10000) {
11.              System.out.println(" 審批通過。【總監：" + name + "】");
12.              return true;
13.          } else {
14.              System.out.println(" 駁回申請。【總監：" + name + "】");
15.              return false;
16.          }
17.      }
18.
19.  }
```

以程式 16-3 為例，第 9 行定義了財務總監類別 CFO 的審批方法 approve() 並接受
要審批的金額，如果金額在 10000 元以內則審批通過，否則駁回此申請。三個審

批角色的程式碼都比較類別似，只要超過其審批金額的權限就駁回申請，反之則審批通過。接下來，用戶端開始提交申請了，請參看程式 16-4。

程式 16-4　用戶端類別 Client

```
1.   public class Client {
2.
3.     public static void main(String[] args) {
4.       int amount = 10000;// 出差花費 10000 元
5.       // 先找專員張飛審批
6.       Staff staff = new Staff(" 張飛 ");
7.       if (!staff.approve(amount)) {
8.         // 被駁回，找關二爺問問
9.         Manager manager = new Manager(" 關羽 ");
10.        if (!manager.approve(amount)) {
11.          // 還是被駁回，只能找老大了
12.          CFO cfo = new CFO(" 劉備 ");
13.          cfo.approve(amount);
14.        }
15.      }
16.      /**********************
17.      無權審批，請找上級。【專員：張飛】
18.      無權審批，請找上級。【經理：關羽】
19.      審批通過。【總監：劉備】
20.      **********************/
21.    }
22.
23. }
```

如程式 16-4 所示，第 19 行的處理結果顯示審批通過，10000 元的大額報銷單終於被總監審批了。然而這種辦事效率確實不敢恭維，申請人先找專員被升級處理，再找經理又被告知數額過大得去找總監，來來回回找了三個審批人處理，浪費了申請人的大量時間與精力。雖然事情是辦理了，但申請人非常不滿意，審批流程太過煩瑣，總覺得有種被踢皮球的感覺。

如果我們後期為了最佳化和完善這個業務流程而添加新的審批角色，或者進一步增加更加複雜的邏輯，那麼情況就會變得更糟。申請人不得不跟著學習這個流程，不停修改自己的申請邏輯，無形中增加了維護成本。

但是對審批人來說，他們只能負責自己職權範圍內的業務，否則就是越權，所以處理不了的只能讓申請人去找上級。問題到底出在哪裡？其實這一切都是工作流架構設計不合理導致的。

16.4　架構工作流

缺少架構的流程不是完備的工作流，否則申請人終將被淹沒在一堆複雜的審批流程中。要完全解決申請人與審批人之間的矛盾，我們必須對現有程式碼進行重構。

經過觀察程式 16-4 中的審批流程邏輯，我們可以發現審批人的業務之間有環環相扣的關聯，對於超出審批人職權範圍的申請會傳遞給上級，直到解決問題為止。這種傳遞機制就需要我們搭建一個鏈式結構的工作流，這也是責任鏈模式的精髓之所在。基於這種思想，我們來重構審批人的程式碼，請參看程式 16-5。

程式 16-5　審批人 Approver

```
1.   public abstract class Approver {
2.
3.       protected String name;// 抽象出審批人的姓名
4.       protected Approver nextApprover;// 下一位審批人，更進階別領導
5.
6.       public Approver(String name) {
7.           this.name = name;
8.       }
9.
10.      protected Approver setNextApprover(Approver nextApprover) {
11.          this.nextApprover = nextApprover;
12.          return this.nextApprover;// 返回下一位審批人，使其支援鏈式編程
13.      }
14.
15.      public abstract void approve(int amount);// 抽象審批方法由具體審批人子類別實現
16.
17.  }
```

如程式 16-5 所示，我們用抽象類別來定義審批人。由於審批人在無權審批時需要傳遞業務給其上級領導，因此我們在第 4 行定義上級領導的引用 nextApprover，與下一位審批人串聯起來，同時將其注入第 10 行。當然，每位審批人的角色不同，其審批邏輯也有所區別，所以我們在第 15 行對審批方法進行抽象，交由具體的子類別審批角色去繼承和實現。我們接著對 3 個審批角色的程式碼進行重構，請分別參看程式 16-6、程式 16-7、程式 16-8。

程式 16-6　財務專員類別 Staff

```
1.  public class Staff extends Approver {
2.
3.      public Staff(String name) {
4.          super(name);
5.      }
6.
7.      @Override
8.      public void approve(int amount) {
9.          if (amount <= 1000) {
10.             System.out.println("審批通過。【專員：" + name + "】");
11.         } else {
12.             System.out.println("無權審批，升級處理。【專員：" + name + "】");
13.             this.nextApprover.approve(amount);
14.         }
15.     }
16.
17. }
```

程式 16-7　財務經理類別 Manager

```
1.  public class Manager extends Approver {
2.
3.      public Manager(String name) {
4.          super(name);
5.      }
6.
7.      @Override
8.      public void approve(int amount) {
9.          if (amount <= 5000) {
10.             System.out.println("審批通過。【經理：" + name + "】");
11.         } else {
12.             System.out.println("無權審批，升級處理。【經理：" + name + "】");
13.             this.nextApprover.approve(amount);
14.         }
15.     }
16.
17. }
```

程式 16-8　財務總監類別 CFO

```
1.  public class CFO extends Approver {
2.
3.      public CFO(String name) {
4.          super(name);
5.      }
6.
7.      @Override
```

```
8.     public void approve(int amount) {
9.         if (amount <= 10000) {
10.            System.out.println(" 審批通過。【財務總監：" + name + "】");
11.        } else {
12.            System.out.println(" 駁回申請。【財務總監：" + name + "】");
13.        }
14.    }
15.
16. }
```

如程式 16-6 所示，財務專員類別繼承了審批人抽象類別並實現了審批方法 approve()，接收到報銷申請金額後自第 9 行開始申明自己的審批權限為 1000 元，若超出則呼叫自己上級領導的審批方法，將審批業務傳遞下去，注意第 13 行對 nextApprover 的巧妙引用。程式 16-7 中的財務經理類別則大同小異，其審批權限上升至 5000 元。比較特殊的審批人是責任鏈末節點的財務總監類別，如程式 16-8 第 12 行所示，最高職級的財務總監 CFO 的審批邏輯略有不同，當申請金額超出 10000 元後就再有下一個審批人了，所以此時就會駁回報銷申請。一切就緒，是時候生成這條責任鏈了，請參看程式 16-9。

程式 16-9　用戶端類別 Client

```
1.  public class Client {
2.
3.      public static void main(String[] args) {
4.          Approver flightJohn = new Staff(" 張飛 ");
5.          // 此處使用鏈式編程配置責任鏈
6.          flightJohn.setNextApprover(new Manager("關羽")).setNextApprover(new CFO("劉備"));
7.
8.          // 直接找專員張飛審批
9.          flightJohn.approve(1000);
10.         /***********************
11.         審批通過。【專員:張飛】
12.         ***********************/
13.
14.         flightJohn.approve(4000);
15.         /***********************
16.         無權審批，升級處理。【專員:張飛】
17.         審批通過。【經理:關羽】
18.         ***********************/
19.
20.         flightJohn.approve(9000);
21.         /***********************
22.         無權審批，升級處理。【專員:張飛】
23.         無權審批，升級處理。【經理:關羽】
24.         審批通過。【CEO:劉備】
```

```
25.        ********************/
26.
27.        flightJohn.approve(88000);
28.        /*******************
29.        無權審批，升級處理。【專員：張飛】
30.        無權審批，升級處理。【經理：關羽】
31.        駁回申請。【CEO：劉備】
32.        ********************/
33.    }
34.
35. }
```

如程式 16-9 所示，一開始我們在第 4 行構造了財務專員，接著組裝了責任鏈（其實這裡還可以交給工作流工廠去構造責任鏈，讀者可以自行實踐練習），由低到高逐級進行審批角色物件的注入，直至財務總監。申請人的業務辦理流程就非常簡單了，用戶端直接面對的就是財務專員，只需將申請遞交給他處理，接著審批流程奇蹟般地啟動了，業務在這個責任鏈上層層遞交，直至完成。請從程式碼第 9 行開始查看各種不同金額的審批場景對應的辦理流程，從輸出看出達到了工作流的預期執行結果。

16.5 讓業務飛一會兒

至此，以責任鏈模式為基礎架構的工作流搭建完成，各審批角色只需要定義其職權範圍內的工作，再依靠高層抽象實現角色責任的鏈式結構，審批邏輯得以分割、串聯，讓業務申請在責任鏈上逐級傳遞。如此一來，申請人再也不必關心業務處理細節與結果了，徹底將工作流或業務邏輯拋開，輕鬆地將申請遞交給責任鏈入口即可得到最終結果。責任鏈模式的類別結構，如圖 16-3 所示。

責任鏈模式的各角色定義如下。

- Handler（業務處理者）：所有業務處理節點的頂層抽象，定義了抽象業務處理方法 handle() 並留給子類別實現，其實體方法 setSuccessor()（注入繼任者）則用於責任鏈的構建。對應本章常式中的審批人 Approver。

- ConcreteHandler1、ConcreteHandler2⋯⋯（業務處理者實現類別）：實際業務處理的實現類別，可以有任意多個，每個都實現了 handle() 方法以處理自己職權範圍內的業務，職權範圍之外的事則傳遞給下一位繼任者（另一個業務

處理者）。對應本章常式中的財務專員類別 Staff、財務經理類別 Manager、
財務總監類別 CFO。

- Client（客戶端）：業務申請人，只需對業務鏈條的第一個入口節點發起請求
  即可得到最終回應。

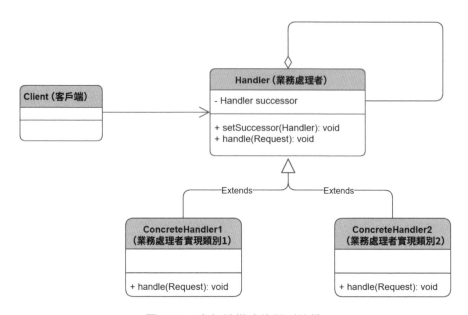

圖 16-3　責任鏈模式的類別結構

責任鏈模式的本質是處理某種連續的工作流，並確保業務能夠被傳遞至相應的責
任節點上得到處理。當然，責任鏈也不一定是單一的鏈式結構，我們甚至可以讓
一位審批人將業務傳遞給多位審批人，或是加入更複雜的業務邏輯以完善工作流，
最終使不同的業務有不同的傳遞方向。不管是何種形式的呈現，讀者都要能夠根
據具體的業務場景，更靈活、恰當地運用責任鏈模式，而不是照本宣科、生搬
硬套。

對責任鏈模式的應用讓我們一勞永逸，之後我們便可以泰然自若地應對業務需求
的變更，方便地對業務鏈條進行分割、重組，以及對單獨節點的增、刪、改。結
構鬆散的業務處理節點讓系統具備更加靈活的可伸縮性、可擴展性。責任鏈模式
讓申請方與處理方解耦，申請人可以徹底從業務細節中解脫出來，無論多麼複雜
的審批流程，都只需要簡單的等待，讓業務在責任鏈上飛一會兒。

Chapter

17

策略

策略，古時也稱「計」，指為了達成某個目標而提前策劃好的方案。但計劃往往不如變化快，當目標突變或者周遭情況不允許實施某方案的時候，我們就得臨時變更方案。策略模式（Strategy）強調的是行為的靈活切換，比如一個類別的多個方法有著類似的行為介面，可以將它們抽離出來作為一系列策略類別，在執行時靈活對接，變更其演算法策略，以適應不同的場景。

例如我們經常在電影中看到，特工在執行任務時總要準備好幾套方案以應對突如其來的變化。實施過程中由於情況突變而導致預案無法繼續實施 A 計劃時，馬上更換為 B 計劃，以另一種行為方式達成目標。所以說提前策劃非常重要，而隨機應變的能力更是不可或缺，系統需要時刻確保靈活性、機動性才能立於不敗之地。

17.1　「頑固不化」的系統

一個設計優秀的系統，絕不能來回更改底層程式碼，而是要站在高層抽象的角度構築一套相對固化的模式，並能使新加入的程式碼以實現類別的方式接入系統，讓系統功能得到無限的演算法擴展，以適應使用者需求的多樣性。

我們先從一個反例開始，了解一個有設計缺陷的系統。流行於 1980 年代的掌上型遊樂器的系統設計非常簡單，最常見的是「俄羅斯方塊」遊樂器，如圖 17-1 所示。這種遊樂器只能玩一款遊戲，所以玩家逐漸減少，最終退出了市場。這是一種嵌入式系統設計，主機不包含任何作業系統。製造商只是簡單地將軟體固化在遊樂器晶片中，造成遊戲（軟體）與遊樂器（硬體）的強耦合。玩家要想換個遊戲就得再購買一台遊樂器，嚴重缺乏可擴展性。

如圖 17-1 所示，與這種耦合性極高的系統設計類似的還有計算機，它只能用於簡單的數學運算，演算法功能到此為止，沒有後續擴展的可能性。我們就以計算機為例，探討一下這種設計存在的問題。假設計算機可以進行加減法運算，請參看程式 17-1。

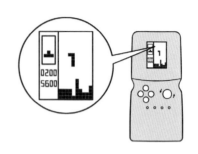

圖 17-1　「俄羅斯方塊」遊樂器

程式 17-1　計算機類別 Calculator

```
1.   public class Calculator {
2.
3.       public int add(int a, int b){// 加法
4.           return a + b;
5.       }
6.
7.       public int sub(int a, int b){// 減法
8.           return a - b;
9.       }
10.
11.  }
```

如程式 17-1 所示，我們分別為計算機類別定義了加減法，看起來簡單易懂。然而隨著演算法的不斷增加，如乘法、除法、乘冪、開根號等，我們不得不把機器拆開，然後對程式碼進行修改。當然，對計算機這種嵌入式系統來說，這麼做也無可厚非，畢竟其功能有限且相對固定，但若換作一個龐大的系統，反覆的程式碼修改會讓系統維護變成災難，最終大量的方法被堆積在同一個類別中，臃腫不堪。如圖 17-2 所示，反覆對系統的修改、加裝，致使模組間的呼叫關係錯綜複雜，系統維護與升級工作變得舉步維艱，無從下手。

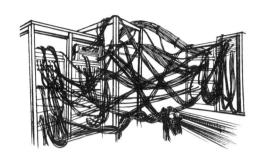

圖 17-2　難以維護的系統

17.2　遊戲卡帶

透過分析和對比程式 17-1 中的計算機類別，我們不難發現，不管是何種演算法（加、減、乘、除等），都屬於運算。從外部來看，它們都是基於對兩個數字型入參的運算介面，並能返回數字型的運算結果。既然如此，不如把這些演算法抽離出來，使它們獨立於計算機，並各自封裝，讓一種演算法對應一個類別，要使用哪種演算法時將其接入即可，如此演算法擴展便得到了保證。這種設計上的演變不正類

圖 17-3　可插卡式遊樂器

似於從嵌入式掌上遊樂器到可插卡式遊樂器的演變嗎？如圖 17-3 所示，不同種類的遊戲卡帶就像各種獨立的策略類別，只要為遊樂器更換不同的卡帶就能帶來全新體驗，這也是這種設計思想可以一直延續至今的原因（想像一下作業系統與應用軟體的關係）。

策略與系統分離的設計看起來非常靈活，基於這種設計思想，我們對計算機類別進行重構。首先要對一系列的演算法進行介面抽象，也就是為所有的演算法（加法、減法或者即將加入的其他演算法）定義一個統一的演算法策略介面，請參看程式 17-2。

程式 17-2　演算法策略介面 Strategy

```
1.  public interface Strategy {
2.
3.      public int calculate(int a, int b);// 運算元 a，被運算元 b
4.
5.  }
```

如程式 17-2 所示，為保持簡單，我們假設演算法策略介面的參數與返回結果都是整數，接收參數為運算元 a 與被運算元 b，透過運算後返回結果。演算法策略介面定義完畢，順理成章，我們接著分別定義加法策略、減法策略對應的實現類別，請參看程式 17-3、程式 17-4。

程式 17-3　加法策略類別 Addition

```
1.  public class Addition implements Strategy{
2.
3.      @Override
4.      public int calculate(int a, int b) {// 加數與被加數作為參數
5.          return a + b;// 做加法運算並返回結果
6.      }
7.
8.  }
```

程式 17-4　減法策略類別 Subtraction

```
1.  public class Subtraction implements Strategy{
2.
3.      @Override
4.      public int calculate(int a, int b) {// 減數與被減數作為參數
5.          return a - b;// 做減法運算並返回結果
6.      }
7.
8.  }
```

如程式 17-3、程式 17-4 所示，加法策略類別與減法策略類別都實現了演算法策略介面，並分別實現了自己特有的運算方法 calculate()。理所當然，第 5 行加法策略實現的是加法運算，減法策略實現的是減法運算。可以看到，演算法策略介面 Strategy 的標準規範化使它們同屬一系，但又以類別劃分，相對獨立。接下來就可以使用這一系列演算法策略了，我們對計算機類別進行重構，使其能夠將演算法策略注入系統，請參看程式 17-5。

程式 17-5 計算機類別 Calculator

```
1.  public class Calculator {
2.
3.      private Strategy strategy;// 演算法策略介面
4.
5.      public void setStrategy(Strategy strategy) {// 注入演算法策略
6.          this.strategy = strategy;
7.      }
8.
9.      public int getResult(int a, int b){
10.         return this.strategy.calculate(a, b);// 返回具體策略的運算結果
11.     }
12. }
```

如程式 17-5 所示，計算機類別裡已經不存在具體的加減法運算實現了，取而代之的是第 10 行對演算法策略介面 strategy 的計算方法 calculate() 的呼叫，而具體使用的是哪種演算法策略則完全取決於第 5 行的 setStrategy() 方法。它可以將具體的演算法策略注入進來，所以對於第 9 行的獲取結果方法 getResult()，注入不同的演算法策略將會得到不同的回應結果。至此，策略應用系統搭建完成，我們就可以使用這個計算機了，請參看程式 17-6。

程式 17-6 用戶端類別 Client

```
1.  public class Client {
2.
3.      public static void main(String[] args) {
4.          Calculator calculator = new Calculator();// 實例化計算機
5.          calculator.setStrategy(new Addition());// 注入加法策略實現
6.          System.out.println(calculator.getResult(1, 1));// 輸出結果為 2
7.
8.          calculator.setStrategy(new Subtraction());// 再注入減法策略實現
9.          System.out.println(calculator.getResult(1, 1));// 輸出結果為 0
10.     }
11.
12. }
```

如程式 17-6 所示，從第 4 行開始，用戶端類別對計算機類別進行實例化，接著注入加法策略實現，並呼叫 getResult() 方法，此時進行的是「1 + 1」的運算並得到結果 2。接著再注入減法策略實現，此時進行的是「1 - 1」的運算並得到計算結果 0。

顯而易見，透過重構的計算機類別變得非常靈活，不管進行哪種運算，我們只需注入相應的演算法策略即可得到結果。此外，今後若要進行功能擴展，只需要新增相容策略介面的演算法策略類別（如乘法、除法等），這與插卡式遊樂器的策略如出一轍，我們不必再對系統做任何修改便可實現功能的無限擴展。

17.3 萬能的 USB 介面

不知讀者是否記得，我們曾在第 1 章中提到過策略模式，並以電腦 USB 介面為例做過相關的探討。接著就要來補全這個例子的程式碼部分，徹底理解策略模式，首先參看圖 17-4。

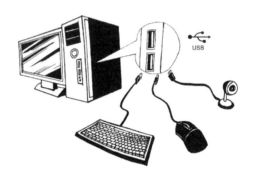

圖 17-4　USB 介面與裝置

相信大家對圖 17-4 中的電腦、USB 介面還有各種裝置之間的關係以及使用方法都非常熟悉了，這些模組組成的系統正是策略模式的最佳範例。與之前的計算機實例類似，首先我們定義策略介面，對應本例中的 USB 介面，請參看程式 17-7。

程式 17-7　USB 介面 USB

```
1.  public interface USB {
2.
3.      public void read();
4.
5.  }
```

如程式 17-7 所示，依舊為了保持簡單，我們只為 USB 介面定義一個讀取資料方法 read()。接下來就是各種 USB 裝置的策略實現類別了，其中鍵盤、滑鼠及攝影機分別定義各自的實現類別，請分別參看程式 17-8、程式 17-9 和程式 17-10。

程式 17-8　USB 鍵盤類別 Keyboard

```
1.  public class KeyBoard implements USB {
2.
3.      @Override
4.      public void read() {
5.          System.out.println(" 鍵盤指令資料……");
6.      }
7.
8.  }
```

程式 17-9　USB 滑鼠類別 Mouse

```
1.  public class Mouse implements USB {
2.
3.      @Override
4.      public void read() {
5.          System.out.println(" 滑鼠指令資料……");
6.      }
7.
8.  }
```

程式 17-10　USB 攝影機類別 Camera

```
1.  public class Camera implements USB {
2.
3.      @Override
4.      public void read() {
5.          System.out.println(" 影片軌資料……");
6.      }
7.
8.  }
```

如程式 17-8、程式 17-9、程式 17-10 所示，所有 USB 裝置都在第 5 行實現了 USB
介面的讀取資料方法 read()，如鍵盤裝置捕獲的是鍵盤指令資料，滑鼠裝置捕獲的
是座標與點擊指令資料，攝影機裝置捕獲的是影片軌資料。最後，我們需要將它
們與電腦主機進行接駁，請參看程式 17-11。

程式 17-11　電腦主機類別 Computer

```
1.  public class Computer {
2.
3.      private USB usb;// 主機上的 USB 介面
4.
5.      public void setUSB(USB usb) {
```

```
6.          this.usb = usb;// 插入 USB 裝置
7.      }
8.
9.      public void compute(){
10.         usb.read();
11.     }
12.
13. }
```

如程式 17-11 所示，電腦主機讓插入裝置模組成為可能，可以看到在程式碼第 3 行我們將 USB 介面「焊接」在電腦主機上，使其成為電腦的一個屬性，接著在第 5 行對外暴露 setUSB() 方法，用以接駁插入的 USB 裝置物件，最後在第 9 行的 compute() 方法中，我們呼叫了插入裝置的讀取資料方法 read()。一切就緒，我們來看用戶端如何使用，請參看程式 17-12。

程式 17-12　用戶端類別 Client

```
1.  public class Client {
2.
3.      public static void main(String[] args) {
4.
5.          Computer com = new Computer();
6.
7.          com.setUSB(new KeyBoard());// 插入鍵盤
8.          com.compute();
9.
10.         com.setUSB(new Mouse());// 插入滑鼠
11.         com.compute();
12.
13.         com.setUSB(new Camera());// 插入攝影機
14.         com.compute();
15.
16.         /* 輸出
17.         鍵盤操作……
18.         滑鼠操作……
19.         影片軌資料……
20.         */
21.     }
22.
23. }
```

如程式 17-12 所示，用戶端首先實例化了電腦主機，接著分別插入鍵盤、滑鼠及攝影機，並呼叫電腦的 compute() 方法。從第 17 行開始的輸出結果顯示，當用戶端插入不同的 USB 裝置時，電腦主機也會做出不同的行為回應。

我們透過對電腦 USB 介面的標準化，使電腦系統擁有了無限擴展周邊裝置的能力，需要什麼功能只需要購買相關的 USB 裝置。可見在策略模式中，USB 介面發揮了至關重要的解耦作用。如果沒有 USB 介面的存在，我們就不得不將周邊裝置直接「焊接」在主機上，致使裝置與主機高度耦合，系統將徹底喪失對周邊裝置的取代與擴展能力。

17.4　即插即用

策略模式讓策略與系統環境徹底解耦，透過對演算法策略的抽象、分割，再拼裝、接入周邊裝置，使系統行為的可塑性得到了增強。策略介面的引入也讓各種策略實現徹底解放，最終實現演算法分立，即插即用。請參看如下策略模式的類別結構，如圖 17-5 所示。

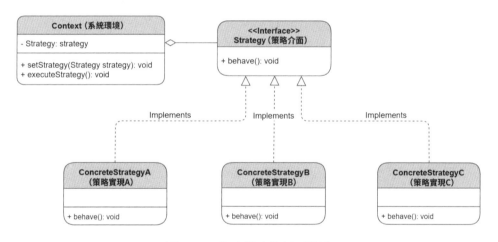

圖 17-5　策略模式的類別結構

策略模式的各角色定義如下。

- Strategy（策略介面）：定義通用的策略規範標準，包含在系統環境中並宣告策略介面標準。對應本章常式中的 USB 介面 USB。

- ConcreteStrategyA、ConcreteStrategyB、ConcreteStrategyC…（策略實現）：實現了策略介面的策略實現類別，可以有多種不同的策略實現，但都得符合策略介面定義的規範。對應本章常式中的 USB 鍵盤類別 Keyboard、USB 滑鼠類別 Mouse、USB 攝影機類別 Camera。

- Context（系統環境）：包含策略介面的系統環境，對外提供更換策略實現的方法 setStrategy() 以及執行策略的方法 executeStrategy()，其本身並不關心執行的是哪種策略實現。對應本章常式中的電腦主機類別 Computer。

變化是世界的常態，唯一不變的就是變化本身。擁有順勢而為、隨機應變的能力才能立於不敗之地。策略模式的運用能讓系統的應變能力得到提升，適應隨時變化的需求。介面的巧妙運用讓一系列的策略可以脫離系統而單獨存在，使系統擁有更靈活、更強大的「可插拔」擴充功能。

Chapter

18

狀態

狀態指事物基於所處的狀況、形態表現出的不同的行為特性。狀態模式（State）構架出一套完備的事物內部狀態轉換機制，並將內部狀態包裹起來且對外部不可見，使其行為能隨其狀態的改變而改變，同時簡化了事物的複雜的狀態變化邏輯。

18.1　事物的狀態

物件導向最基本的特性——「封裝」是對現實世界中事物的模擬，類別封裝了屬性與方法，其被實例化後的物件屬性則體現出某種狀態，以至呼叫其方法時會展現出某種相應的行為，這一切都與狀態脫不了關係。以我們賴以生存的水舉例，它有三種形態，如圖 18-1（左）所示，0℃ 以下的固態冰、常溫下的液態水，以及 100℃ 以上的氣態水蒸氣。我們可以總結出，當溫度變化導致水的狀態發生變化時，它就會有不同的行為，如冰會滾動、水會流動、水蒸氣則會漂浮。

圖 18-1　事物的狀態

事物狀態的變化驅動機制是非常普遍的存在。人類更是無法逾越自然界的一般，如圖 18-1（右）所示，人類的情感狀態更加複雜多變，不同的心態會表現出不同的行為，如高興時會歡笑，悲傷時會哭泣，憤怒時會責備，興奮時會手舞足蹈……喜怒哀樂，五味雜陳。

18.2　簡單的二元態

世界是複雜的，事物的狀態是多樣的，但「萬物之始，大道至簡」，我們就從最簡單的「二元態」實例出發。如果你此刻在室內，你會發現有電燈，它有兩種狀態：通電與斷電，分別對應燈亮與燈滅這兩種行為。控制電燈通電與斷電的開關則為使用者提供兩個介面（user interface），一個是開啟，另一個是關閉，如圖 18-2 所示。

圖 18-2　電燈的狀態

電燈擁有「開」和「關」兩個按鈕，我們就以「開關」來模擬電燈的狀態變化驅動機制。首先我們需要定義一個開關類別，並提供兩個方法「開燈」與「關燈」，分別引發燈亮與燈滅的行為，請看程式 18-1。

程式 18-1　開關類別 Switcher

```
1.   public class Switcher {
2.
3.     //false 代表關閉， true 代表開啟
4.     private boolean state = false;// 初始狀態為關閉
5.
6.     public void switchOn(){
7.       state = true;
8.       System.out.println("OK…使燈亮 ");
9.     }
10.
11.    public void switchOff(){
12.      state = false;
13.      System.out.println("OK…使燈滅 ");
14.    }
15.
16. }
```

如程式 18-1 所示，開關類別於第 4 行用布林值 true 與 false 來代表電燈的兩種狀態，並使其初始狀態預設為關閉（false）。第 6 行的開燈方法 switchOn() 中先切換狀態為「開啟」（true）再使燈亮。與之相反，第 11 行的關燈方法 switchOff()則切換狀態為「關閉」（false）使燈滅。

程式看起來好像沒什麼問題，但如果深究就會發現，針對開關狀態的維護程式碼有點考慮不周全。如果用戶端連續按下開或者關按鈕會出現什麼情況呢？實際上這即使沒有邏輯錯誤也增加了無意義的冗餘操作，已經點亮的燈又何必再次被開啟呢？所以這個開關類別的狀態校驗很不完善，我們需要加入針對目前狀態的條件判斷，也就是說，開啟的狀態下不能再開啟，關閉的狀態下不能再關閉，請參看程式 18-2。

程式 18-2　開關類別 Switcher

```
1.   public class Switcher {
2.
3.     //false 代表關閉， true 代表開啟
4.     boolean state = false;// 初始狀態為關閉
5.
6.     public void switchOn(){
7.       if(state == false){// 若目前為關閉狀態
8.         state = true;
9.         System.out.println("OK…使燈亮 ");
10.      }else{// 目前已經是開啟狀態
11.        System.out.println("ERROR!!! 開啟狀態下無須再開啟 ");
```

```
12.          }
13.      }
14.
15.      public void switchOff(){
16.          if(state == true){// 若目前是開啟狀態
17.              state = false;
18.              System.out.println("OK…使燈滅 ");
19.          }else{// 目前已經是關閉狀態
20.              System.out.println("ERROR!!! 關閉狀態下無須再關閉 ");
21.          }
22.      }
23.
24. }
```

如程式 18-2 所示，我們在開燈方法與關燈方法中加入了邏輯判斷。如果正常切換
狀態則通過校驗，使燈亮或滅，否則重複開或重複關的話則不進行操作並警告使
用者不必再次操作，當然此時也可以拋出異常，但為了保持簡單我們就不複雜化
了。這樣的設計至少看起來沒有任何問題，我們來測試一下，請參看程式 18-3。

程式 18-3　用戶端類別 Client

```
1.   public class Client {
2.
3.       public static void main(String[] args) {
4.           Switcher s = new Switcher();
5.           s.switchOff();//ERROR!!! 關閉狀態下無須再關閉
6.           s.switchOn();//OK…使燈亮
7.           s.switchOff();//OK…使燈滅
8.           s.switchOn();//OK…使燈亮
9.           s.switchOn();//ERROR!!! 開啟狀態下無須再開啟
10.      }
11.
12. }
```

如程式 18-3 所示，我們在第 5 行與第 9 行分別進行了重複開與重複關的操作，可
以看到注釋中標註出的執行結果，不管如何操作都不會再出現錯誤操作的問題了，
邏輯非常嚴密。然而非常遺憾的是，這依舊不算是好的設計，如果狀態再複雜些，
邏輯判斷就會越加越多。

18.3 交通號誌的狀態

對於電燈開關這種簡單的二元開關,如果狀態變多,會產生什麼結果呢?以交通訊號燈為例,通常會有紅、黃、綠三種顏色狀態,不同狀態之間的切換包含這樣的邏輯:紅燈只能切換為黃燈,黃燈可以切換為綠燈或紅燈,綠燈只能切換為黃燈,如圖 18-3 所示。

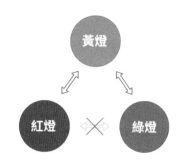

圖 18-3　交通號誌的狀態切換

交通號誌的狀態維護與切換並不像電燈一樣簡單,如果還是按照之前的設計,複雜的狀態校驗邏輯會大量堆積在每個方法中,因此造成的錯誤必將導致嚴重的交通事故,後果不堪設想。實踐出真知,基於之前的設計,我們用程式碼親自驗證一下效果,請參看程式 18-4。

程式 18-4　交通號誌類別 TrafficLight

```
1.   public class TrafficLight {
2.
3.       // 交通號誌有紅燈 (禁行)、黃燈 (警示)、綠燈 (通行) 三種狀態
4.       String state = "紅";// 初始狀態為紅燈
5.
6.       // 切換為綠燈 (通行) 狀態
7.       public void switchToGreen() {
8.           if ("綠".equals(state)) {// 若目前是綠燈狀態
9.               System.out.println("ERROR!!! 已是綠燈狀態無須再切換 ");
10.          }
11.          else if ("紅".equals(state)) {// 若目前是紅燈狀態
12.              System.out.println("ERROR!!! 紅燈不能切換為綠燈 ");
13.          }
14.          else if ("黃".equals(state)) {// 若目前是黃燈狀態
15.              state = "綠";
16.              System.out.println("OK…綠燈亮起 60 秒 ");
17.          }
18.      }
19.
20.      // 切換為黃燈 (警示) 狀態
21.      public void switchToYellow() {
22.          if ("黃".equals(state)) {// 若目前是黃燈狀態
23.              System.out.println("ERROR!!! 已是黃燈狀態無須再切換 ");
24.          }
25.          else if ("紅".equals(state) || "綠".equals(state)) {// 若目前是紅燈或者是綠燈狀態
26.              state = "黃";
```

```
27.          System.out.println("OK…黃燈亮起 5 秒 ");
28.       }
29.    }
30.
31.    // 切換為紅燈 (禁行) 狀態
32.    public void switchToRed() {
33.       if ("紅".equals(state)) {// 若目前是紅燈狀態
34.          System.out.println("ERROR!!! 已是紅燈狀態無須再切換 ");
35.       }
36.       else if ("綠".equals(state)) {// 若目前是綠燈狀態
37.          System.out.println("ERROR!!! 綠燈不能切換為紅燈 ");
38.       }
39.       else if ("黃".equals(state)) {// 若目前是黃燈狀態
40.          state = "紅";
41.          System.out.println("OK…紅燈亮起 60 秒 ");
42.       }
43.    }
44.
45. }
```

如程式 18-4 所示，這個交通號誌狀態切換邏輯看起來非常複雜，一長串塞在類別裡面，維護起來也非常讓人頭痛。這只是十字路口的一處交通號誌而已，若是東西南北各處交通號誌全部同步起來的話，其複雜程度難以想像。要解決這個問題，我們就得基於狀態模式，將這個龐大的類別進行分割，用一種更為優雅的方式將這些切換邏輯組織起來，讓狀態的切換及維護變得輕鬆自如。沿著這個思路，我們把狀態相關模組從交通號誌裡抽離出來，這裡首先定義一個狀態介面以形成規範，請參看程式 18-5。

程式 18-5　狀態介面 State

```
1.    public interface State {
2.
3.       void switchToGreen(TrafficLight trafficLight);// 切換為綠燈 (通行) 狀態
4.
5.       void switchToYellow(TrafficLight trafficLight);// 切換為黃燈 (警示) 狀態
6.
7.       void switchToRed(TrafficLight trafficLight);// 切換為紅燈 (禁行) 狀態
8.
9.    }
```

如程式 18-5 所示，狀態介面分別定義三個標準，它們依序是切換為綠燈（通行）狀態、切換為黃燈（警示）狀態，以及切換為紅燈（禁行）狀態。需要注意的是每個介面方法的入參，這裡傳入的交通號誌引用到底有何用意？我們先保留這個

問題。狀態介面既然已經定義完畢，那麼接著就得實現交通號誌的三種狀態，它
們依序是紅燈狀態、黃燈狀態和綠燈狀態，請分別參看程式 18-6、程式 18-7 和程
式 18-8。

程式 18-6　紅燈狀態 Red

```
1.  public class Red implements State {
2.
3.      @Override
4.      public void switchToGreen(TrafficLight trafficLight) {
5.          System.out.println("ERROR!!! 紅燈不能切換為綠燈 ");
6.      }
7.
8.      @Override
9.      public void switchToYellow(TrafficLight trafficLight) {
10.         trafficLight.setState(new Yellow());
11.         System.out.println("OK…黃燈亮起 5 秒 ");
12.     }
13.
14.     @Override
15.     public void switchToRed(TrafficLight trafficLight) {
16.         System.out.println("ERROR!!! 已是紅燈狀態無須再切換 ");
17.     }
18.
19. }
```

程式 18-7　黃燈狀態 Yellow

```
1.  public class Yellow implements State {
2.
3.      @Override
4.      public void switchToGreen(TrafficLight trafficLight) {
5.          trafficLight.setState(new Green());
6.          System.out.println("OK…綠燈亮起 60 秒 ");
7.      }
8.
9.      @Override
10.     public void switchToYellow(TrafficLight trafficLight) {
11.         System.out.println("ERROR!!! 已是黃燈狀態無須再切換 ");
12.     }
13.
14.     @Override
15.     public void switchToRed(TrafficLight trafficLight) {
16.         trafficLight.setState(new Red());
17.         System.out.println("OK…紅燈亮起 60 秒 ");
18.     }
19.
20. }
```

程式 18-8 綠燈狀態 Green

```
1.  public class Green implements State {
2.
3.      @Override
4.      public void switchToGreen(TrafficLight trafficLight) {
5.          System.out.println("ERROR!!! 已是綠燈狀態無須再切換 ");
6.      }
7.
8.      @Override
9.      public void switchToYellow(TrafficLight trafficLight) {
10.         trafficLight.setState(new Yellow());
11.         System.out.println("OK…黃燈亮起 5 秒 ");
12.     }
13.
14.     @Override
15.     public void switchToRed(TrafficLight trafficLight) {
16.         System.out.println("ERROR!!! 綠燈不能切換為紅燈 ");
17.     }
18.
19. }
```

如程式 18-6、程式 18-7 和程式 18-8 所示，每種狀態都分別實現了狀態介面的切換方法。非常神奇的是，我們看不到任何的切換邏輯了，之前程式碼中的一大堆 if、else 全都消失不見了。以程式 18-8 的綠燈狀態為例，按照我們之前分析過的切換邏輯：「綠燈狀態下無須重複切換為綠燈，並且綠燈也不能直接切換為紅燈。」所以在程式 18-8 第 4 行的切換到綠燈方法 switchToGreen() 與第 15 行的切換到紅燈方法 switchToRed() 中，禁止這兩種切換行為並輸出錯誤訊息。而綠燈切換為黃燈則是合法的，所以在第 9 行的切換到黃燈方法 switchToYellow() 中，我們呼叫了方法傳入的交通號誌物件的 setState() 方法，更新其狀態為黃燈狀態並觸發黃燈亮起，這也是將交通號誌作為入參的意義所在。按照這種模式，其他的狀態類別實現都大同小異，以此類推。

透過對交通號誌系統的初步重構，我們將「狀態」介面化、模組化，最終將它們從臃腫的交通號誌類別程式碼中抽離出來，獨立於交通號誌類別，並分別擁有自己的介面實現。如此一來，我們奇蹟般地擺脫了各種複雜的狀態切換邏輯，程式碼變得特別清爽、優雅。至於狀態介面中傳入的交通號誌物件以及對其狀態更新的 setState() 方法，讀者可能會感到困惑，我們先來重構交通號誌類別，讓一切豁然開朗，請參看程式 18-9。

程式 18-9　交通號誌類別 TrafficLight

```
1.   public class TrafficLight {
2.
3.       // 交通號誌有紅燈（禁行）、黃燈（警示）、綠燈（通行）  3 種狀態
4.       State state = new Red();// 初始狀態為紅燈
5.
6.       public void setState(State state) {
7.           this.state = state;
8.       }
9.
10.      // 切換為綠燈（通行）狀態
11.      public void switchToGreen() {
12.          state.switchToGreen(this);
13.      }
14.
15.      // 切換為黃燈（警示）狀態
16.      public void switchToYellow() {
17.          state.switchToYellow(this);
18.      }
19.
20.      // 切換為紅燈（禁行）狀態
21.      public void switchToRed() {
22.          state.switchToRed(this);
23.      }
24.
25.  }
```

如程式 18-9 所示，狀態切換邏輯已經被分割出去了，交通號誌類別變得非常簡單。首先，在第 4 行我們以狀態介面 State 定義交通號誌目前的預設初始狀態為紅燈。接著，在第 6 行對外暴露了設定狀態方法 setState()。最後在第 11 行、第 16 行及第 21 行的 3 個狀態切換方法中，我們沒有做任何具體的切換操作，而是呼叫了目前狀態物件所對應的切換方法。需要注意的是，為了讓狀態物件能夠存取到 setState() 更新交通號誌的狀態，我們將交通號誌物件「this」作為參數一併傳入，將任務移交給目前的狀態物件去執行，也就是說，交通號誌只是持有目前的狀態，至於到底該如何回應及進行狀態切換，全權交由目前狀態物件處理。至此，基於狀態模式的交通號誌系統構建完畢，我們來定義用戶端類別使用交通號誌，請參看程式 18-10。

程式 18-10　用戶端類別 Client

```
1.   public class Client {
2.
3.       public static void main(String args[]) {
```

```
4.
5.          TrafficLight trafficLight = new TrafficLight();
6.          trafficLight.switchToYellow();
7.          trafficLight.switchToGreen();
8.          trafficLight.switchToYellow();
9.          trafficLight.switchToRed();
10.
11.         /*
12.             OK…黃燈亮起 5 秒
13.             OK…綠燈亮起 60 秒
14.             OK…黃燈亮起 5 秒
15.             OK…紅燈亮起 60 秒
16.             ERROR!!! 紅燈不能切換為綠燈
17.         */
18.     }
19.
20. }
```

如程式 18-10 所示，用戶端一開始實例化了交通號誌，接著按照交通規則進行了一系列的交通號誌切換操作，可以看到輸出一切正常。注意第 16 行，操作失敗後會收到警告訊息，這表示即便切換了錯誤的狀態，也不會釀成車禍，狀態切換及校驗機制工作正常。

當然，我們還可以採取更為簡單的狀態介面為用戶端提供更便捷的使用方式，例如對於 18.2 節中的電燈開關，我們完全可以定義一個開關介面 Switcher，並提供一個統一的 switch() 方法介面，如此一來，不管目前電燈是何種狀態，使用者只需要呼叫這一個方法便可實現電燈狀態的自動切換，並實現開燈和關燈功能了。各個場景需要其最恰當的實現方式，具體程式碼請讀者自行實踐，這裡就不贅述了。

18.4　狀態回應機制

至此，狀態模式的應用將系統狀態從系統環境（系統宿主）中徹底抽離出來，狀態介面確立了高層統一規範，使狀態回應機制分立、自治，以一種鬆耦合的方式實現了系統狀態與行為的同步機制。如此一來，系統環境不再處理任何狀態回應及切換邏輯，而是轉發給目前狀態物件去處理，同時將自身引用「this」傳遞下去。也就是說，系統環境只需要持有目前狀態，而不必再關心如何根據狀態進行回應，或是如何進行狀態更新了。請參看狀態模式的類別結構，如圖 18-4 所示。

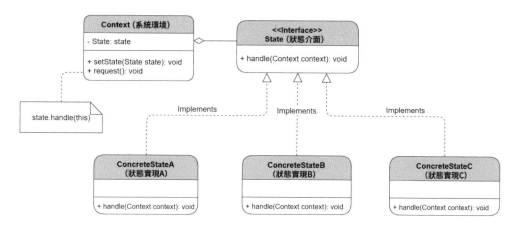

圖 18-4 狀態模式的類別結構

狀態模式的各角色定義如下。

- State（狀態介面）：定義通用的狀態規範標準，其中處理請求方法 handle()
  將系統環境 Context 作為參數傳入。對應本章常式中的狀態介面 State。

- ConcreteStateA、ConcreteStateB、ConcreteStateC（狀態實現 A、狀態實現
  B、狀態實現 C）：具體的狀態實現類別，根據系統環境用於表達系統環境
  Context 的各個狀態，它們都要符合狀態介面的規範。對應本章常式中的紅燈
  狀態 Red、綠燈狀態 Green 以及黃燈狀態 Yellow。

- Context（系統環境）：系統的環境，持有狀態介面的引用，以及更新狀態方
  法 setState()，對外暴露請求發起方法 request()，對應本章常式中的交通號誌
  類別 TrafficLight。

從類別結構上看，狀態模式與策略模式非常類似，其不同之處在於，策略模式是
將策略演算法抽離出來並由外部注入，從而引發不同的系統行為，其可擴展性更
好；而狀態模式則將狀態及其行為回應機制抽離出來，這能讓系統狀態與行為回
應有更好的邏輯控制能力，並且實現系統狀態主動式的自我轉換。狀態模式與策
略模式的側重點不同，所以適用於不同的場景。總之，如果系統中堆積著大量的
狀態判斷語句，那麼就可以考慮應用狀態模式，它能讓系統原本複雜的狀態回應
及維護邏輯變得異常簡單。狀態的解耦與分立讓程式碼看起來更加清晰、明瞭，
可讀性大大增強，同時系統的執行效率與健壯性也能全面提升。

19

備忘錄

備忘錄用來記錄曾經發生過的事情,使回溯歷史變得切實可行。備忘錄模式(Memento)則可以在不破壞元物件封裝性的前提下捕獲其在某些時刻的內部狀態,並像歷史快照一樣將它們保留在元物件之外,以備復原之用。

19.1　時光流逝

光陰似箭,歲月如梭,時間在一分一秒地不停流逝,一去不返,如圖 19-1 所示。想必我們都做過錯誤的決定,最終導致糟糕的結果。然而這個世界並不存在後悔藥,做出的決定如覆水難收。

然而,在電腦世界中,我們似乎可以來去自如,例如瀏覽器前進與後退、復原檔案修改、資料庫備份與復原、遊戲存檔載入、作業系統快照復原、手機復原出廠設定等操作稀鬆平常。再深入到物件導向層面,我們知道當程式執行時一個物件的狀態有可能隨時發生變化,而當修改其狀態時我們可以對其進行記錄,如此便能夠將物件復原到任意記錄的狀態。備忘錄模式正是採用這種理念,讓歷史重演。

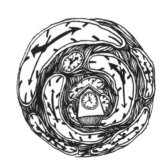

圖 19-1　流逝的時間

19.2　覆水難收

為了更生動地展現備忘錄模式，以使讀者更容易理解，我們來模擬這樣一個場景：假設某作家要寫一部科幻小說，當他構思完成後打開編輯器軟體開始創作的時候，必然會建立一個檔案。那麼我們首先來定義這個檔案類別 Doc，請參看程式 19-1。

程式 19-1　檔案類別 Doc

```
1.  public class Doc {
2.
3.      private String title;// 檔案標題
4.      private String body;// 檔案內容
5.
6.      public Doc(String title){
7.          this.title = title; // 建立檔案先命名
8.          this.body = "";// 建立檔案內容為空
9.      }
10.
11.     public void setTitle(String title) {
12.         this.title = title;
13.     }
14.
15.     public String getTitle() {
16.         return title;
17.     }
18.
19.     public String getBody() {
20.         return body;
21.     }
22.
23.     public void setBody(String body) {
24.         this.body = body;
25.     }
26.
27. }
```

如程式 19-1 所示，作為一個簡單的 Java 物件（Plain Ordinary Java Object, POJO）類別，檔案類別包括兩個內部屬性：檔案標題 title 與檔案內容 body，它們擁有各自的 get 方法與 set 方法。可以看到，這個類別實例化出的物件一定包含「檔案標題」與「檔案內容」兩個狀態，並且會在執行時隨著作家對檔案的修改而改變，尤其是對「檔案內容」的修改，如此才能達到編輯檔案的目的。接下來當然少不了作家用來修改這個檔案的編輯器類別，請參看程式 19-2。

程式 19-2　編輯器類別 Editor

```
1.   public class Editor {
2.
3.      private Doc doc;// 檔案引用
4.
5.      public Editor(Doc doc) {
6.         System.out.println("<<< 打開檔案 " + doc.getTitle());
7.         this.doc = doc;// 載入檔案
8.         show();
9.      }
10.
11.     public void append(String txt) {
12.        System.out.println("<<< 插入操作 ");
13.        doc.setBody(doc.getBody() + txt);
14.        show();
15.     }
16.
17.     public void delete(){
18.        System.out.println("<<< 刪除操作 ");
19.        doc.setBody("");
20.        show();
21.     }
22.
23.     public void save(){
24.        System.out.println("<<< 存檔操作 ");
25.     }
26.
27.     private void show(){// 顯示目前檔案內容
28.        System.out.println(doc.getBody());
29.        System.out.println(" 檔案結束 >>>\n");
30.     }
31.
32. }
```

如程式 19-2 所示，我們先從最簡單的功能看起，第 5 行當編輯器類別實例化時需
要載入一個檔案物件，並展示其內容。接下來是編輯器最重要的編輯功能了。我
們保持以最簡單的程式碼來模擬檔案的編輯功能，從第 11 行開始依次有插入方法
append()、刪除方法 delete()、存檔方法 save()，以及顯示檔案內容方法 show()，
請讀者仔細閱讀，此處不做贅述。一切就緒，作家可以開始使用這個編輯器了，
關於用戶端類別 Client，請參看程式 19-3。

程式 19-3　用戶端類別 Client

```
1.   public class Client {
2.
3.      public static void main(String[] args) {
4.         Editor editor = new Editor(new Doc("《AI 的覺醒》"));
5.         /* 輸出
6.         <<< 打開檔案《AI 的覺醒》
7.
8.         檔案結束 >>>
9.         */
10.
11.        editor.append(" 第一章　混沌初開 ");
12.        /* 輸出
13.        <<< 插入操作
14.        第一章　混沌初開
15.        檔案結束 >>>
16.        */
17.
18.        editor.append("\n　正文 2000 字……");
19.        /* 輸出
20.        <<< 插入操作
21.        第一章　混沌初開
22.          正文 2000 字……
23.        檔案結束 >>>
24.        */
25.
26.        editor.append("\n 第二章　荒漠之花 \n　正文 3000 字……");
27.        /* 輸出
28.        <<< 插入操作
29.        第一章　混沌初開
30.          正文 2000 字……
31.        第二章　荒漠之花
32.          正文 3000 字……
33.        檔案結束 >>>
34.        */
35.
36.        editor.delete();// 慘劇在此發生
37.        /* 輸出
38.        <<< 刪除操作
39.
40.        檔案結束 >>>
41.        */
42.     }
43.
44.  }
```

如程式 19-3 所示，作家開始創作並一口氣寫完了兩章的內容，第 27 行輸出的檔案內容讓他頗有成就感。於是他決定沖杯咖啡，休息一下，並沒有呼叫存檔方法

save() 便離開了電腦，一切看起來非常順利。然而不幸的是，作家的寵物貓跳上了他的電腦鍵盤，不巧按下了 Delete 鍵並觸發了第 36 行的刪除操作，結果整個檔案從記憶體中被清空了，如圖 19-2 所示。作家 5000 字的心血付之東流，不得不為自己的疏忽大意付出慘痛的代價。

圖 19-2　忘記存檔的後果

19.3　破鏡重圓

編輯器類別提供的刪除方法本來是出於軟體功能的完整性而設計的，卻反而給使用者帶來了潛在風險。所以，我們一定要避免發生這類的失誤操作，才能帶來更好的使用者體驗。大家一定想到了以 Ctrl+Z 組合鍵觸發的復原操作了吧。這道編輯器指令可以瞬間復原使用者的上一步操作並回退到上一個檔案狀態，不但給了使用者吃後悔藥的機會，還能省去使用者頻繁地進行存檔操作的麻煩。

這種自動備忘錄機制是如何實現的呢？既然可以回溯歷史，就一定得定義一個歷史快照類別，用來記錄使用者每步操作後的檔案狀態，請參看程式 19-4。

程式 19-4　歷史快照類別 History

```
1.   public class History {
2.
3.       private String body;// 用於備忘檔案內容
4.
5.       public History(String body){
6.           this.body = body;
7.       }
8.
9.       public String getBody() {
10.          return body;
11.      }
12.
13.  }
```

如程式 19-4 所示，和檔案類別 Doc 非常類似，歷史快照類別 History 也是一個 POJO 類別，它同樣封裝了屬性「檔案內容」。可以看到第 5 行的構造方法中對檔案內容的初始化，這樣我們便可以記錄檔案內容的快照了。我們知道，每生成一個歷史快照物件，就相當於在備忘錄中寫下一筆記錄，一個物件對應一個快照，那麼由誰來生成這個快照記錄呢？我們對檔案類別 Doc 進行重構，做一些快照功能上的增強，請參看程式 19-5。

程式 19-5　檔案類別 Doc

```
1.  public class Doc {
2.
3.      private String title;// 檔案標題
4.      private String body;// 檔案內容
5.
6.      public Doc(String title){
7.          this.title = title; // 建立檔案先命名
8.          this.body = "";// 建立檔案內容為空
9.      }
10.
11.     public void setTitle(String title) {
12.         this.title = title;
13.     }
14.
15.     public String getTitle() {
16.         return title;
17.     }
18.
19.     public String getBody() {
20.         return body;
21.     }
22.
23.     public void setBody(String body) {
24.         this.body = body;
25.     }
26.
27.     public History createHistory() {
28.         return new History(body);// 建立歷史記錄
29.     }
30.
31.     public void restoreHistory(History history){
32.         this.body = history.getBody();// 復原歷史記錄
33.     }
34.
35. }
```

如程式 19-5 所示，我們在第 27 行加入了建立歷史記錄方法 createHistory()，它能夠生成並返回目前檔案內容對應的歷史快照。與之相反，第 31 行則對應歷史記錄的復原方法 restoreHistory()，它能夠根據傳入的歷史快照參數將檔案內容復原到任意歷史時間點。

至此，檔案類別便具備了快照生成與復原功能。要實現編輯器的復原功能，我們首先得在使用者進行編輯操作時對檔案進行歷史快照備份，如此才能復原到任意歷史時間點。我們對編輯器類別進行重構，請參看程式 19-6。

程式 19-6　編輯器類別 Editor

```
1.   public class Editor {
2.
3.       private Doc doc;
4.       private List<History> historyRecords;// 歷史記錄列表
5.       private int historyPosition = -1;// 歷史記錄目前位置
6.
7.       public Editor(Doc doc) {
8.           System.out.println("<<< 打開檔案 " + doc.getTitle());
9.           this.doc = doc; // 載入檔案
10.          historyRecords = new ArrayList<>();// 初始化歷史記錄列表
11.          backup();// 載入檔案後儲存第一份歷史記錄
12.          show();// 顯示內容
13.      }
14.
15.      public void append(String txt) {
16.          System.out.println("<<< 插入操作 ");
17.          doc.setBody(doc.getBody() + txt);
18.          backup();// 添加後儲存一份歷史記錄
19.          show();
20.      }
21.
22.      public void save(){
23.          System.out.println("<<< 存檔操作 ");// 模擬存檔操作
24.      }
25.
26.      public void delete(){
27.          System.out.println("<<< 刪除操作 ");
28.          doc.setBody("");
29.          backup();// 刪除後儲存一份歷史記錄
30.          show();
31.      }
32.
33.      private void backup() {
34.          historyRecords.add(doc.createHistory());
35.          historyPosition++;
36.      }
37.
38.      private void show() {// 顯示目前檔案內容
39.          System.out.println(doc.getBody());
40.          System.out.println(" 檔案結束 >>>\n");
41.      }
42.
```

```
43.    public void undo() {// 復原操作：如按下組合鍵 Ctrl+Z，回到過去
44.        System.out.println(">>> 復原操作 ");
45.        if (historyPosition == 0) {
46.            return;// 到頭了，不能再復原了
47.        }
48.        historyPosition--;// 歷史記錄位置回溯一次
49.        History history = historyRecords.get(historyPosition);
50.        doc.restoreHistory(history);// 取出歷史記錄並復原至檔案
51.        show();
52.    }
53.
54.    public void redo(){// 重做操作
55.        // 此處省略
56.    }
57.
58. }
```

如程式 19-6 所示，我們首先在第 4 行加入了一個歷史記錄列表 historyRecords，我們可以把它當作一本有很多頁的歷史書，順序記錄著每個時間點發生的歷史事件，它的目前頁碼體現於第 5 行，即以整型定義的時間點索引 historyPosition。注意第 33 行的備份方法 backup()，它能將檔案生成的快照加入歷史記錄列表 historyRecords，做好歷史的紀錄。然後回到第 10 行的構造方法，這裡我們對備忘錄進行初始化，並且呼叫備份方法 backup() 將檔案初始狀態儲存至備忘錄。同樣，檔案的所有變更操作完成後都應該將目前檔案狀態「載入史冊」，如之後的插入方法 append() 以及刪除方法 delete() 中對備份方法的呼叫。

「載入史冊」是為了「回溯歷史」，因此第 43 行的復原方法 undo() 才能真正實現「昨日重現」。隨著歷史的推進，之前定義的時間點索引 historyPosition 會逐漸增大，要回溯歷史就要將索引減小，一直到 0 指向的最初狀態為止。從第 44 行開始，我們首先進行了校驗操作，如果時間點索引在 0 點位置就不可以回溯了，非法越界操作應當直接返回，反之則是合法操作，此時可以將時間點索引減 1，再將其所對應的歷史記錄取出，並將內容復原至目前打開的檔案中。此外，編輯器既然能回溯歷史，當然也得有與之相反的功能，也就是第 54 行的重做方法 redo()，實現了這兩個功能才能讓檔案內容在歷史時間軸上任意游走。此處略去 redo() 的程式碼，請讀者自行實踐練習。

「工欲善其事，必先利其器」，編輯器擁有了強大的復原、重做功能，作家對檔案的每次修改統統被記入備忘錄，從此可以高枕無憂了。終於，作家可以重新開始他的小說創作了，請參看程式 19-7。

程式 19-7　用戶端類別 Client

```
1.   public class Client {
2.
3.       public static void main(String[] args) {
4.           Editor editor = new Editor(new Doc("《AI 的覺醒》"));
5.           /* 輸出：
6.           <<< 打開檔案《AI 的覺醒》
7.
8.           檔案結束 >>>
9.           */
10.
11.          editor.append(" 第一章　混沌初開 ");
12.          /* 輸出：
13.          <<< 插入操作
14.          第一章　混沌初開
15.          檔案結束 >>>
16.          */
17.
18.          editor.append("\n　正文 2000 字……");
19.          /* 輸出：
20.          <<< 插入操作
21.          第一章　混沌初開
22.            正文 2000 字……
23.          檔案結束 >>>
24.          */
25.
26.          editor.append("\n 第二章　荒漠之花 \n　正文 3000 字……");
27.          /* 輸出：
28.          <<< 插入操作
29.          第一章　混沌初開
30.            正文 2000 字……
31.          第二章　荒漠之花
32.            正文 3000 字……
33.          檔案結束 >>>
34.          */
35.
36.          editor.delete();
37.          /* 輸出：
38.          <<< 刪除操作
39.
40.          檔案結束 >>>
41.          */
42.
43.          // 復原操作
44.          editor.undo();
45.          /* 輸出：
46.          >>> 復原操作
47.          第一章　混沌初開
48.            正文 2000 字……
```

```
49.        第二章 荒漠之花
50.          正文 3000 字……
51.        檔案結束 >>>
52.        */
53.    }
54.
55. }
```

如程式 19-7 所示，作家又一口氣寫了兩章內容。假設在第 36 行對檔案進行了誤刪除操作，就可以在第 44 行從容不迫地按下 Ctrl+Z 組合鍵，以此觸發編輯器的復原方法 undo()，接著可以清楚地看到輸出中 5000 字內容被奇蹟般地復原如初，世界依舊美好。

> 讀者可能會提出這樣的疑問：既然要對中繼資料類（文件類別 Doc）的各個歷史狀態進行記錄，為何不直接利用原型模式對元物件進行複製，而非要重新定義一個與之類似的備忘錄類別（歷史快照類別 History）呢？其實這是出於對節省記憶體空間的考量。例如，本例中歷史快照類別 History 只是針對「文件內容」進行記錄，而不包括「文件標題」，或者其他有更大資料量的狀態，所以我們沒有必要對整個元物件進行完整複製而造成不必要的記憶體空間資源的浪費。否則，我們完全可以考慮結合備忘錄模式與原型模式來記錄歷史快照。

19.4　歷史回溯

備忘錄模式就像一台時光機，讓我們在軟體世界裡自由自在地進行時空穿梭。需要注意的是，備忘錄類別一定獨立於中繼資料類別而單獨成類別，其生成的歷史記錄也應該在中繼資料類別之外進行維護，這樣不但確保了中繼資料類別的封裝不被破壞，而且實現了對其內部狀態歷史變化的捕獲與復原。請參看備忘錄模式的類別結構，如圖 19-3 所示。

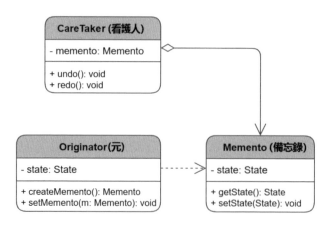

圖 19-3　備忘錄模式的類別結構

備忘錄模式的各角色定義如下。

- Originator（元）：狀態需要被記錄的元物件類別，其狀態是隨時可變的。既可以生成包含其內部狀態的即時備忘錄，也可以利用傳入的備忘錄復原到對應狀態。對應本章常式中的檔案類別 Doc。

- Memento（備忘錄）：與元物件相仿，但只需要保留元物件的狀態，一個狀態對應一個備忘錄物件。對應本章常式中的歷史快照類別 History。

- CareTaker（看護人）：歷史記錄的維護者，持有所有記錄的歷史記錄，並且提供對中繼資料物件的復原操作，如復原 undo()、重做 redo() 等，一般不提供對歷史記錄的修改。對應本章常式中的編輯器類別 Editor。

在程式執行的過程中，記憶體中的物件狀態變幻莫測，備忘錄模式能為我們捕獲每一個精彩的歷史瞬間，讓其留存於備忘錄的每一頁，以便我們回溯歷史，勇敢前行。備忘錄模式非常簡單、易懂，但讀者在應用時一定要小心一些陷阱，例如在元物件狀態資料量過大的情況下，或者是無限制地對元物件進行快照備份的操作，都可能會導致記憶體空間資源的過度耗費，使系統效能變得越來越差。這時就要看讀者如何變通了，像是為備忘錄歷史記錄加上容量限制，可以總是儲存最近的 20 筆紀錄。透過諸如此類的方式可以改善這種情況，所以讀者一定要根據特定的場景進行適當的變通，保持靈活開放的思維才能有效地活用設計模式，設計出更優秀的應用程式。

Chapter

20

中介

中介是在事物之間傳播訊息的中間媒介。中介模式（Mediator）為物件構架出一個互動平台，透過減少物件間的依賴程度以達到解耦的目的。我們的生活中有各式各樣的媒介，如婚介所、房產中介、入口網站、電子商務、交換機組、通訊基地台、即時通軟體等，這些都與人類的生活息息相關，離開它們我們將舉步維艱。

對媒體來說，雖然它們的作用都一樣，但在傳遞訊息的方式上還是有差別的。如圖 20-1 所示，以傳統媒體為例，書刊雜誌、報紙、電視、廣播等，都是把訊息傳遞給讀者，有些是即時的（如電視），有些是延遲的（如報紙），但它們都是以單向的傳遞方式來傳遞訊息的。而作為新媒體的網路，不但可以更有效率地把訊息傳遞給使用者，而且可以反向地獲取使用者的回饋訊息。除此之外，網路還能作為一個平台，讓使用者相互進行溝通，這種全終端、多點互通的結構特點更類似於中介模式。

圖 20-1　媒體

20.1　簡單直接互動

透過中介我們可以更輕鬆、有效率地完成
訊息互動。讀者可能會提出這樣的疑問：
如果排除空間的限制，溝通人可以直接進
行互動，根本不需要任何第三方的介入，
如圖 20-2 所示，對於面對面的二人溝通，
中介顯得有些多餘。

圖 20-2　面對面溝通

為了更直觀地理解中介的作用，我們用程
式碼來模擬這種沒有第三方參與的訊息互
動場景。首先定義人類，他一定得能聽能說才能達成溝通，請參看程式 20-1。

程式 20-1　人類 People

```java
1.  public class People {
2.
3.    private String name;// 以名字來區別
4.    private People other;// 持有對方的引用
5.
6.    public String getName() {
7.      return this.name;
8.    }
9.
10.   public People(String name) {
11.     this.name = name;// 初始化必須取名
12.   }
13.
14.   public void connect(People other) {
15.     this.other = other;// 連接方法中注入對方物件
16.   }
17.
18.   public void talk(String msg) {
19.     other.listen(msg);// 我方講話時，對方聆聽
20.   }
21.
22.   public void listen(String msg) {
23.     // 聆聽來自對方的聲音
24.     System.out.println(
25.       other.getName() + " 對 " + this.name + " 說：" + msg
26.     );
27.   }
28.
29. }
```

如程式 20-1 所示，人類在第 3 行以名字作為代號來區分不同的人（物件），接著在第 4 行持有另外一方溝通人的引用，並於第 14 行的連接方法 connect() 中將對方注入以建立連接，如此才能與對方進行溝通。當然，作為人類一定可以講話與聆聽，於是我們在第 18 行的發言方法 talk() 中呼叫了對方的聆聽方法，並將訊息傳遞給對方。在第 22 行的聆聽方法 listen() 中收到對方的訊息時則進行輸出。人類程式碼看起來非常簡單，此時尚未涉及第三方。我們讓兩人開始溝通，請參看用戶端程式 20-2。

程式 20-2　用戶端類別 Client

```
1.   public class Client {
2.
3.     public static void main(String args[]) {
4.       People p3 = new People(" 張三 ");
5.       People p4 = new People(" 李四 ");
6.
7.       p3.connect(p4);
8.       p4.connect(p3);
9.
10.      p3.talk(" 你好。");
11.      p4.talk(" 早安，三哥。");
12.    }
13.    /***************************
14.    輸出結果：
15.      張三 對 李四 說：你好。
16.      李四 對 張三 說：早安，三哥。
17.    ***************************/
18.
19. }
```

如程式 20-2 所示，張三和李四兩人聊得不亦樂乎，第 14 行的輸出結果顯示雙方溝通順利達成，訊息可由一方發出再傳遞給另一方，反之亦然，看起來這種溝通毫無障礙。這種設計雖然簡單、直接，但請注意第 7 行與第 8 行程式碼，雙方在溝通前必須先建立連接，互相持有對方物件的引用，這樣才能知道對方的存在。但如此便造成你中有我、我中有你，誰也離不開誰的狀況，雙方物件的耦合性太強。雖然在兩人溝通的情況下，強耦合也不會造成太大問題，但是倘若我們要進行一場多方討論的會議，那麼在這種溝通模式下，每個與會人就不止是持有溝通對方這麼簡單了，而是必須持有其他所有人物件的引用列表（如使用 ArrayList），以建立每個物件之間的兩兩連接。我們以物件間的引用關係圖來表示這種模式，如圖 20-3 所示。

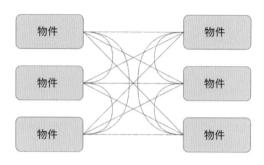

圖 20-3　參會人的引用關係

物件間這種千絲萬縷的耦合關係會帶來很大的麻煩，當我們要加入或減少一個參會人時，都要將其同步更新給所有人，每個人發送訊息時都要先尋找一遍訊息接收方，從而產生很多重複工作。我們陷入了一種多對多的物件關聯陷阱，這讓複雜的物件關係難以維護，所以必須重新考慮更合理的設計模式。

20.2　構建互動平台

要解決物件間複雜的耦合問題，我們就必須借助第三方平台來把它們分割開。首先要做的是把每個人持有的重複引用抽離出來，將所有人的引用列表放入一個中介類別，這樣就可以在同一個地方將它們統一維護起來，對引用的操作只需要進行一次。我們來看引入中介平台後的物件關係圖，如圖 20-4 所示。

引入中介後，每個物件不再維護與其他物件的引用了，取而代之的是與中介建立直接關聯，與圖 20-3 相比，引用關係瞬間變得一目了然。我們以聊天室為例開始程式碼實戰，首先對之前的人類 People 進行重構，請參看程式 20-3 中的使用者類別。

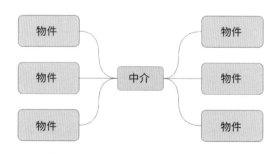

圖 20-4　引入中介後物件間的關係

程式 20-3　使用者類別 User

```java
1.  public class User {
2.
3.      private String name;// 名字
4.
5.      private ChatRoom chatRoom;// 聊天室引用
6.
7.      public User(String name) {
8.          this.name = name;// 初始化必須取名字
9.      }
10.
11.     public String getName() {
12.         return this.name;
13.     }
14.
15.     public void login(ChatRoom chatRoom) {// 使用者登入
16.         this.chatRoom = chatRoom;// 注入聊天室引用
17.         this.chatRoom.register(this);// 呼叫聊天室連接註冊方法
18.     }
19.
20.     public void talk(String msg) {// 使用者發言
21.         chatRoom.sendMsg(this, msg);// 給聊天室發送訊息
22.     }
23.
24.     public void listen(User fromWhom, String msg) {// 使用者聆聽
25.         System.out.print("【"+this.name+" 的對話框】");
26.         System.out.println(fromWhom.getName() + " 說： " + msg);
27.     }
28.
29. }
```

如程式 20-3 所示，在第 5 行我們直接持有聊天室的引用 chatRoom，並在第 15 行的使用者登入方法 login() 中將其注入進來。接著呼叫聊天室的連接註冊方法 register() 與其建立連接，這意味著使用者不再與其他使用者建立連接了，而是連接聊天室並告知「我進來了，請進行註冊」。同樣，第 20 行的發言方法 talk() 以及第 24 行的聆聽方法 listen() 也不與其他使用者發生關聯，前者會將訊息直接發送給聊天室，後者則負責接收來自聊天室的訊息。

透過上述操作，我們斬斷了多使用者之間的關聯，一切關聯都被間接地交給中介聊天室去處理，使用者與使用者徹底解耦。當然，使用者在離開聊天室時還應該有一個註銷方法，我們會在之後加入它。接下來就是至關重要的聊天室類別了，它就是中介，請參看程式 20-4。

程式 20-4　聊天室類別 ChatRoom

```
1.   public class ChatRoom {
2.
3.       private String name;// 聊天室命名
4.
5.       public ChatRoom(String name) {
6.           this.name = name;// 初始化必須命名聊天室
7.       }
8.
9.       List<User> users = new ArrayList<>();// 加入聊天室的使用者們
10.
11.      public void register(User user) {
12.          this.users.add(user);// 使用者進入聊天室加入列表
13.          System.out.print(" 系統訊息：歡迎【");
14.          System.out.print(user.getName());
15.          System.out.println("】加入聊天室【" + this.name + "】");
16.      }
17.
18.      public void sendMsg(User fromWhom, String msg) {
19.          // 循環 users 列表，將訊息發送給所有使用者
20.          users.stream().forEach(toWhom -> toWhom.listen(fromWhom, msg));
21.      }
22.
23.  }
```

如程式 20-4 所示，聊天室類別在第 9 行維護了一個以使用者類別 User 為泛型的使用者列表 users，以記錄目前聊天室中的所有使用者。要進入聊天室的使用者需要呼叫第 11 行的連接註冊方法 register()，註冊後會被加入使用者列表中。同樣，我們將第 18 行的發送訊息方法 sendMsg() 也暴露給使用者，當使用者發送訊息到平台時依次呼叫所有註冊使用者的聆聽方法 listen()，將訊息轉發給聊天室內的所有線上使用者。最後，我們來看用戶端如何將聊天室建立起來，請參看程式 20-5。

程式 20-5　用戶端類別 Client

```
1.   public class Client {
2.
3.       public static void main(String[] args) {
4.           // 聊天室實例化
5.           ChatRoom chatRoom = new ChatRoom(" 設計模式 ");
6.           // 使用者實例化
7.           User user3 = new User(" 張三 ");
8.           User user4 = new User(" 李四 ");
9.           User user5 = new User(" 王五 ");
10.          // 張三、李四進入聊天室
11.          user3.login(chatRoom);
```

```
12.          user4.login(chatRoom);
13.          /********* 輸出 *************
14.           系統訊息：歡迎【張三】加入聊天室【設計模式】
15.           系統訊息：歡迎【李四】加入聊天室【設計模式】
16.           ***************************/
17.          // 開始交談
18.          user3.talk(" 你好，四兄弟，就你一個在啊？ ");
19.          /********* 輸出 *************
20.            【張三的對話框】張三 說： 你好，四兄弟，就你一個在啊？
21.            【李四的對話框】張三 說： 你好，四兄弟，就你一個在啊？
22.            ***************************/
23.          user4.talk(" 是啊，三哥。");
24.          /********* 輸出 *************
25.            【張三的對話框】李四 說： 早啊，三哥。
26.            【李四的對話框】李四 說： 是啊，三哥。
27.            ***************************/
28.          // 王五進入聊天室
29.          user5.login(chatRoom);
30.          /********* 輸出 *************
31.           系統訊息：歡迎【王五】加入聊天室【設計模式】
32.            ***************************/
33.          user3.talk(" 瞧，王老五來了。");
34.          /********* 輸出 *************
35.            【張三的對話框】張三 說： 瞧，王老五來了。
36.            【李四的對話框】張三 說： 瞧，王老五來了。
37.            【王五的對話框】張三 說： 瞧，王老五來了。
38.            ***************************/
39.      }
40.
41. }
```

如程式 20-5 所示，不管是誰發言，使用者只需自第 11 行起進入中介聊天室與其建立連接，即可輕鬆將訊息發送至所有線上使用者，訊息以廣播的形式覆蓋聊天室內的每一個角落。聊天室中介平台的搭建，讓使用者以一種間接的方式進行溝通，徹底從錯綜複雜的使用者直接關聯中解脫出來。

20.3　多型化溝通

我們已經實現了圍繞聊天室展開的群聊系統。如果需要進一步增強功能就得繼續對系統進行重構，例如使用者可能需要一對一的私密聊天，或者 VIP 使用者需要具有超級權限等功能。這時我們就可以對聊天室與使用者進行多型化設計，首先重構聊天室類別與使用者類別，請分別參看程式 20-6、程式 20-7。

程式 20-6 聊天室抽象類別 ChatRoom

```
1.   public abstract class ChatRoom {
2.
3.       protected String name;// 聊天室命名
4.       protected List<User> users = new ArrayList<>();// 加入聊天室的使用者們
5.
6.       public ChatRoom(String name) {
7.           this.name = name;// 初始化必須命名聊天室
8.       }
9.
10.      protected void register(User user) {
11.          this.users.add(user);// 使用者進入聊天室加入列表
12.      }
13.
14.      protected void deregister(User user) {
15.          users.remove(user);// 使用者註銷，從列表中刪除使用者
16.      }
17.
18.      protected abstract void sendMsg(User from, User to, String msg);
19.
20.      protected abstract String processMsg(User from, User to, String msg);
21.
22.  }
```

程式 20-7 使用者類別 User

```
1.   public class User {
2.
3.       private String name;// 名字
4.
5.       protected ChatRoom chatRoom;// 聊天室引用
6.
7.       protected User(String name) {
8.           this.name = name;// 初始化必須取名字
9.       }
10.
11.      public String getName() {
12.          return this.name;
13.      }
14.
15.      protected void login(ChatRoom chatRoom) {// 使用者登入
16.          chatRoom.register(this);// 呼叫聊天室連接註冊方法
17.          this.chatRoom = chatRoom;// 注入聊天室引用
18.      }
19.
20.      protected void logout() {// 使用者註銷
21.          chatRoom.deregister(this);// 呼叫聊天室註銷方法
22.          this.chatRoom = null;// 清空聊天室
```

```
23.     }
24.
25.     protected void talk(User to, String msg) {// 使用者發言
26.         if (Objects.isNull(chatRoom)) {
27.             System.out.println("【" + name + "的對話框】" + "您還沒有登入");
28.             return;
29.         }
30.         chatRoom.sendMsg(this, to, msg);// 給聊天室發送訊息
31.     }
32.
33.     public void listen(User from, User to, String msg) {// 聆聽方法
34.         System.out.print("【" + this.getName() + "的對話框】");
35.         System.out.println(chatRoom.processMsg(from, to, msg));// 呼叫聊天室加工訊息方法
36.     }
37.
38.     @Override
39.     public boolean equals(Object o) {
40.         if (o == null || getClass() != o.getClass()) return false;
41.         User user = (User) o;
42.         return Objects.equals(name, user.name);
43.     }
44.
45. }
```

如程式 20-6 與程式 20-7 所示，聊天室抽象類別與使用者類別定義了一些基礎的功能，對之前的程式碼進行了增強以完善系統功能，如聊天室類別發送訊息方法 sendMsg() 的抽象化，再如使用者類別對發言方法 talk() 的改造。如此一來，子類別就可以根據自己的特性進行繼承或者重寫以實現自己的個性化。系統框架一旦構建，子類別便可進行無限擴展。接下來我們定義公共聊天室和私密聊天室兩個子類別，請參看程式 20-8 和程式 20-9。

程式 20-8　公共聊天室類別 PublicChatRoom

```
1.  public class PublicChatRoom extends ChatRoom {
2.
3.      public PublicChatRoom(String name) {
4.          super(name);
5.      }
6.
7.      @Override
8.      public void register(User user) {
9.          super.register(user);
10.         System.out.print("系統訊息：歡迎【" + user.getName() + "】");
11.         System.out.println("】加入公共聊天室【" + name + "】，目前人數：" + users.size());
12.     }
13.
```

```
14.    @Override
15.    public void deregister(User user) {
16.        super.deregister(user);
17.        System.out.print(" 系統訊息:" + user.getName());
18.        System.out.println(" 離開公共聊天室，目前人數:" + users.size());
19.    }
20.
21.    @Override
22.    public void sendMsg(User from, User to, String msg) {
23.        if (Objects.isNull(to)) {// 如果接收者為空，則將訊息發送給所有人
24.            users.forEach(user -> user.listen(from, null, msg));
25.            return;
26.        }
27.        // 否則發送訊息給特定的人
28.        users.stream().filter(
29.                user -> user.equals(to) || user.equals(from)
30.        ).forEach(
31.                user -> user.listen(from, to, msg)
32.        );
33.    }
34.
35.    @Override
36.    protected String processMsg(User from, User to, String msg) {
37.        String toName = " 所有人";
38.        if (!Objects.isNull(to)) {
39.            toName = to.getName();
40.        }
41.        return from.getName() + " 對" + toName + " 說： " + msg;
42.    }
43.
44. }
```

程式 20-9　私密聊天室類別 PrivateChatRoom

```
1.    public class PrivateChatRoom extends ChatRoom {
2.
3.        public PrivateChatRoom(String name) {
4.            super(name);
5.        }
6.
7.        @Override
8.        public synchronized void register(User user) {
9.            if (users.size() == 2) {// 聊天室最多容納 2 人
10.                System.out.println(" 系統訊息：聊天室已滿 ");
11.                return;
12.            }
13.            super.register(user);
14.            System.out.print(" 系統訊息：歡迎【");
15.            System.out.print(user.getName());
```

```
16.        System.out.println("】加入 2 人聊天室【" + name + "】");
17.    }
18.
19.    @Override
20.    public void sendMsg(User from, User to, String msg) {
21.        users.forEach(user -> user.listen(from, null, msg));
22.    }
23.
24.    @Override
25.    public void deregister(User user) {
26.        super.deregister(user);
27.        System.out.print("系統訊息：" + user.getName() + "離開聊天室。");
28.    }
29.
30.    @Override
31.    protected String processMsg(User from, User to, String msg) {
32.        return from.getName() + "說：" + msg;
33.    }
34.
35. }
```

如程式 20-8、程式 20-9 所示，公共聊天室除了可以廣播式發送訊息，還增加了發送訊息給特定使用者的功能；私密聊天室將加入人數限制為兩人，溝通只在兩人世界中展開。同樣，我們來定義一個超級使用者類別，讓他擁有更多的權限，請參看程式 20-10。

程式 20-10　超級使用者類別 AdminUser

```
1.   public class AdminUser extends User {
2.
3.       public AdminUser(String name) {
4.           super(name);
5.       }
6.
7.       public void kick(User user) {// 踢出其他使用者
8.           user.logout();// 呼叫被踢使用者的註銷方法
9.       }
10.
11. }
```

如程式 20-10 所示，我們為超級使用者增加了一個特殊權限方法 kick()，將破壞聊天規則的使用者踢出聊天室。當然，我們還可以為超級使用者添加更多權限，例如「警告」、「禁言」等方法，讀者可以思考一下如何實現。至此，基於中介模式的聊天室多型化讓系統功能越來越豐富了，我們將通用功能的公共程式碼抽象到了父類別中實現，而對於個性化的功能則具體由子類別去實現，並且讓使用者與平台各自負責自己的工作，類有所屬，各盡其能。

20.4　星形拓撲

中介模式不僅在生活中應用廣泛，還大量存在於軟硬體架構中，例如微服務架構中的註冊發現中心、資料庫中的外鍵關係表，再如網路裝置中的路由器等，中介的角色均發揮了使物件解耦的關鍵作用。不管是物件引用維護還是訊息的轉發，都由處於中心節點的中介全權負責，最終架構出一套類似於星形拓撲的網路結構，如圖 20-5 所示，極大地簡化了各物件間多對多的複雜關聯，最終解決了物件間過度耦合、頻繁互動的問題，請參看中介模式的類別結構，如圖 20-6 所示。

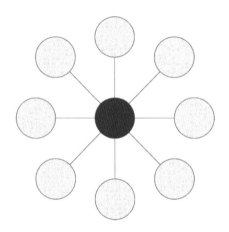

圖 20-5　星形拓撲

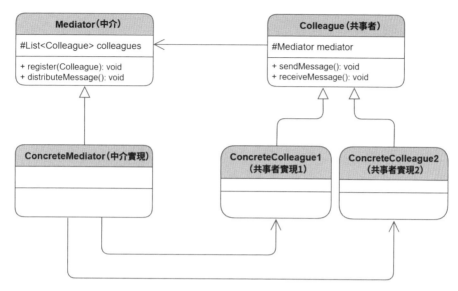

圖 20-6　中介模式的類別結構

中介模式的各角色定義如下。

- Mediator（中介）：共事者之間通訊的中介平台介面，定義與共事者的通訊標準，如連接註冊方法與發送訊息方法等。對應本章常式中的聊天室類別 ChatRoom（本例以抽象類別的形式定義中介介面）。

- ConcreteMediator（中介實現）：可以有多種實現，持有所有共事者物件的列表，並實現中介定義的通訊方法。對應本章常式中的公共聊天室類別 PublicChatRoom、私密聊天室類別 PrivateChatRoom。

- Colleague（共事者）、ConcreteColleague（共事實現）：共事者可以有多種共事者實現。共事者持有中介物件的引用，以使其在發送訊息時可以呼叫中介，並由它轉發給其他共事者物件。對應本章常式中的使用者類別 User。

眾所周知，物件間顯式的互相引用越多，意味著依賴性越強，同時獨立性越弱，不利於程式碼的維護與擴展。中介模式很好地解決了這些問題，它能將多方互動的工作交由中間平台去完成，解除了你中有我、我中有你的相互依賴，讓各個模組之間的關係變得更加鬆散、獨立，最終增強系統的可重用性與可擴展性，同時也使系統執行效率得到提升。

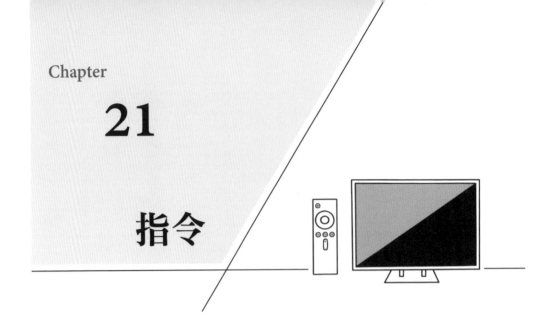

Chapter

21

指令

指令是一個物件向另一個或多個物件發送的指令訊息。指令的發送方負責下達指令，接收方則根據指令觸發相應的行為。作為一種資料（指令訊息）驅動的行為型設計模式，指令模式（Command）能夠將指令訊息封裝成一個物件，並將此物件作為參數發送給接收方去執行，以使指令的請求方與執行方解耦，雙方只透過傳遞各種指令物件來完成任務。此外，指令模式還支援指令的批次執行、順序執行以及指令的反執行等操作。

21.1　對電燈的控制

現實生活中，指令模式隨處可見，如遙控器對電視機發出的換台、調音量等指令；將軍針對士兵執行進攻、撤退或者先退再進的任務所下達的一系列指令；餐廳中顧客為了讓廚師按照自己的需求烹飪所需的菜品，需要與服務生確定的點選單。除此之外，在進行資料庫的增、刪、改、查時，使用者會向資料庫發送 SQL 語句來執

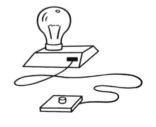

圖 21-1　燈泡

行相關操作，或提交回滾操作，這也與指令模式非常類似。我們先從一個簡單的電燈控制系統入手，如圖 21-1 所示。其中開關可被視為指令的發送（請求）方，

而燈泡則對應為指令的執行方。我們先從指令執行方開始程式碼實戰。燈泡類別一定有這兩種行為：通電燈亮，斷電燈滅，請參看程式 21-1。

程式 21-1　燈泡類別 Bulb

```
1.   public class Bulb {
2.
3.       public void on(){
4.           System.out.println(" 燈亮。");
5.       }
6.
7.       public void off(){
8.           System.out.println(" 燈滅。");
9.       }
10.
11. }
```

要讓燈泡亮起來就需要通電，直接用導線連接電源既不方便又很危險。既然要做的是一個電燈控制系統，那麼一定要對系統採用模組化的設計理念，所以我們應該為燈泡接上一個開關。作為指令請求方，開關用來控制電源的接通與切斷，所以它也應該包括兩個方法：一個是按下按鈕的操作，另一個是彈起按鈕的操作，請參看程式 21-2。

程式 21-2　開關類別 Switcher

```
1.   public class Switcher {
2.
3.       private Bulb bulb;
4.
5.       public Switcher(Bulb bulb) {
6.           this.bulb = bulb;
7.       }
8.
9.       // 按鈕觸發事件
10.      public void buttonPush() {
11.          System.out.println(" 按下按鈕……");
12.          bulb.on();
13.      }
14.
15.      public void buttonPop() {
16.          System.out.println(" 彈起按鈕……");
17.          bulb.off();
18.      }
19.
20. }
```

如程式 21-2 所示，這裡的開關類別 Switcher 其實就是一個簡單的控制器，它在第 3 行包含了一個燈泡物件的引用，並在第 5 行的構造方法中將其注入，接著在第 10 行的按下按鈕操作方法 buttonPush()、以及第 15 行的彈起按鈕操作方法 buttonPop() 中分別綁定了按鈕事件的觸發行為，也就是按下按鈕會觸發燈亮，彈起按鈕會觸發燈滅。程式碼非常簡單、易懂，用戶端可以使用這個電燈控制系統了，請參看程式 21-3。

程式 21-3　用戶端類別 Client

```
1.   public class Client {
2.
3.       public static void main(String[] args) {
4.           Switcher switcher = new Switcher(new Bulb());
5.           switcher.buttonPush();
6.           switcher.buttonPop();
7.
8.           /* 輸出：
9.               按下按鈕……
10.              燈亮。
11.              彈起按鈕……
12.              燈滅。
13.          */
14.      }
15.  }
16. }
```

如程式 21-3 所示，用戶端類別 Client 在第 4 行將燈泡接入開關，依次對其進行了按鈕操作，作為結果，我們可以看到第 8 行中觸發的燈亮與燈滅行為。雖然電燈一切工作正常，但是需要特別注意的是，第 3 行中我們宣告了燈泡類別的引用，並於第 5 行的構造方法中將其初始化，那麼無疑這裡的開關與燈泡就綁定了，也就是說開關與燈泡強耦合了。

有些讀者可能已經想到這裡應該使用策略模式，用介面來承接燈泡或者其他類別電器，以此來解決耦合問題。當然，這樣可以使裝置端與控制器端解耦，但控制器與裝置介面又耦合在一起了，簡單說就是控制器只能控制某一類別介面的裝置，依然存在一定的局限性。我們不妨將關注點轉向對指令模組的多型性設計，比如我們的開關指令不應該只能控制燈泡，還要能控制空調、冰箱等裝置，而指令也不應該只是開關發出的，還可以由鍵盤的確認鍵 Enter 與退出鍵 Esc 來發出，這時我們就得換一個角度來思考系統設計了。

21.2 開關指令

既然是指令模式，那麼一定要從「指令」本身切入。此前我們已經實現了指令的請求方（開關類別）與執行方（燈泡類別）兩個模組，要解決它們之間的耦合問題，我們決定引入指令模組。不管是什麼指令，它一定是可以被執行的，所以我們首先定義一個指令介面，以確立指令的執行規範，請參看程式 21-4。

程式 21-4 指令介面 Command

```
1.  public interface Command {
2.
3.      // 執行指令
4.      void exe();
5.
6.      // 反向執行指令
7.      void unexe();
8.
9.  }
```

如程式 21-4 所示，指令介面在第 4 行定義了執行方法 exe()，與之相反，在第 7 行定義了反向執行方法 unexe()，之後定義的所有指令都應與此介面保持相容，所以電燈控制系統中的開關指令類別理所當然應該實現此指令介面，請參看程式 21-5。

程式 21-5 開關指令類別 SwitchCommand

```
1.  public class SwitchCommand implements Command {
2.
3.      private Bulb bulb;
4.
5.      public SwitchCommand(Bulb bulb) {
6.          this.bulb = bulb;
7.      }
8.
9.      @Override
10.     public void exe() {
11.         bulb.on();// 執行開燈操作
12.     }
13.
14.     @Override
15.     public void unexe() {
16.         bulb.off();// 執行關燈操作
17.     }
18.
19. }
```

對於程式 21-5 中的開關命令類別 SwitchCommand，由於場景比較簡單，
我們將所有命令簡化為一個類別來實現了。其實更確切的做法是將每個命令
封裝為一個類別，也就是可以進一步將其拆分為「開命令」（OnCommand）
與「關命令」（OffCommand）兩個類別，其中前者的執行方法中觸發燈泡
的開燈操作，反向執行方法中則觸發燈泡的關燈操作，而後者則反之，以此
支援更多進階功能。

如程式 21-5 所示，開關指令類別 SwitchCommand 在第 5 行的構造方法中將燈泡
注入，之後第 10 行的執行方法實現與第 15 行的反向執行方法實現中分別觸發了
燈泡的開燈操作與關燈操作。至此，指令模組已經就緒，並成功與指令執行方（燈
泡）對接，這時作為指令請求方的開關就徹底與燈泡解耦了，也就是說，開關不
能直接控制電燈了。我們來看如何對之前的開關類別 Switcher 進行重構，請參看
程式 21-6。

程式 21-6　開關類別 Switcher

```
1.   public class Switcher {
2.
3.       private Command command;
4.
5.       // 設定指令
6.       public void setCommand(Command command) {
7.           this.command = command;
8.       }
9.
10.      // 按鈕事件綁定
11.      public void buttonPush() {
12.          System.out.println(" 按下按鈕……");
13.          command.exe();
14.      }
15.
16.      public void buttonPop() {
17.          System.out.println(" 彈起按鈕……");
18.          command.unexe();
19.      }
20.
21.  }
```

如程式 21-6 所示，開關類別 Switcher 不再引入任何燈泡物件，取而代之的是第 3
行持有的指令介面 Command，並在第 6 行提供了指令設定方法 setCommand()，以

實現指令的任意設定。之後我們在按鈕操作方法中進行事件綁定，其中第 11 行的
按下按鈕方法 buttonPush() 對應指令的執行方法 exe()，而第 16 行的彈起按鈕方法
buttonPop() 則對應指令的反向執行方法 unexe()。至此，指令模組以介面以及實現
類別的方式被成功地植入開關控制器晶片。最後我們來看如何將這些模組組織起
來，請參看程式 21-7。

程式 21-7　用戶端類別 Client

```
1.   public class Client {
2.
3.      public static void main(String[] args) {
4.         Switcher switcher = new Switcher();// 指令請求方
5.         Bulb bulb = new Bulb();// 指令執行方
6.         Command switchCommand = new SwitchCommand(bulb);// 開關指令
7.
8.         switcher.setCommand(switchCommand);// 為開關綁定開關指令
9.         switcher.buttonPush();
10.        switcher.buttonPop();
11.        /* 輸出：
12.            按下按鈕……
13.                燈亮。
14.            彈起按鈕……
15.                燈滅。
16.         */
17.      }
18.
19. }
```

如程式 21-7 所示，用戶端類別 Client 首先實例化了開關 switcher（指令請求
方），然後實例化了燈泡 bulb（指令執行方），最後實例化了一個開關指令
switchCommand 並注入燈泡（燈泡對應的開關指令），這樣三方模組就全部構建
完成了。接下來我們開始使用它們，在第 8 行將開關 switcher 的目前指令配置為
燈泡的開關指令 switchCommand，然後按下按鈕觸發燈亮，彈起按鈕觸發燈滅，
可以看到第 11 行的輸出結果顯示一切正常，與之前的系統行為一模一樣。

有些讀者可能會產生這樣的疑問：我們加入指令模組是為了將指令請求方與指令
執行方解耦，而我們的應用場景只是一個簡單的電燈開關控制系統，何必如此大
動干戈？此時看來的確沒有太大的意義，但在指令模式的架構下我們就可以為系
統添加一些進階功能了。

21.3　霓虹燈閃爍

電燈控制系統雖然已經建構建完成，但此時實現的只是燈泡的開關功能，不能完全滿足使用者的需求，例如使用者要求實現燈泡閃爍的霓虹燈效果。當下僅有的開關指令是無法實現這種效果的。要實現這種一鍵自動完成的功能，我們得添加新的「閃爍」指令類別，請參看程式 21-8。

程式 21-8　閃爍指令類別 FlashCommand

```java
1.  public class FlashCommand implements Command {
2.
3.      private Bulb bulb;
4.      private volatile boolean neonRun = false;// 閃爍指令執行狀態
5.
6.      public FlashCommand(Bulb bulb) {
7.          this.bulb = bulb;
8.      }
9.
10.     @Override
11.     public void exe() {
12.         if (!neonRun) {// 非指令執行時才能啟動閃爍執行緒
13.             neonRun = true;
14.             System.out.println(" 霓虹燈閃爍任務啟動 ");
15.             new Thread(() -> {
16.                 try {
17.                     while (neonRun) {
18.                         bulb.on();// 執行開燈操作
19.                         Thread.sleep(500);
20.                         bulb.off();// 執行關燈操作
21.                         Thread.sleep(500);
22.                     }
23.                 } catch (InterruptedException e) {
24.                     e.printStackTrace();
25.                 }
26.             }).start();
27.         }
28.     }
29.
30.     @Override
31.     public void unexe() {
32.         neonRun = false;
33.         System.out.println(" 霓虹燈閃爍任務結束 ");
34.     }
35.
36. }
```

如程式 21-8 所示，閃爍指令類別 FlashCommand 實現了指令介面，與之前的開關指令相比，其執行方法 exe() 與反向執行方法 unexe() 的實現大相徑庭。可以看到從第 12 行開始，我們在一番狀態邏輯校驗後便啟動了霓虹燈閃爍執行緒，其間反覆地觸發燈泡的開關操作以使其不斷閃爍，直到第 31 行的反向執行方法被呼叫為止。此處的程式碼邏輯不是重點，讀者更需要關注的是這個閃爍指令同樣符合指令介面 Command 的標準，如此才能保證良好的系統相容性，並成功植入開關控制器晶片（指令請求方）完成事件與指令的綁定。最後我們來驗證一下可行性，請參看程式 21-9。

程式 21-9　用戶端類別 Client

```
1.  public class Client {
2.
3.      public static void main(String[] args) throws InterruptedException {
4.          Switcher switcher = new Switcher();// 指令請求方
5.          Bulb bulb = new Bulb();// 指令執行方
6.          Command flashCommand = new FlashCommand(bulb); // 閃爍指令
7.
8.          switcher.setCommand(flashCommand);
9.          switcher.buttonPush();
10.         Thread.sleep(3000);// 此處觀看一會閃爍效果再結束任務
11.         switcher.buttonPop();
12.         /* 輸出：
13.              按下按鈕……
14.             霓虹燈閃爍任務啟動
15.                 燈亮。
16.                 燈滅。
17.                 燈亮。
18.                 燈滅。
19.                 燈亮。
20.                 燈滅。
21.             彈起按鈕……
22.             霓虹燈閃爍任務結束
23.         */
24.     }
25.
26. }
```

如程式 21-9 所示，與之前類似，用戶端類別 Client 實例化了閃爍指令 flashCommand 並植入開關控制器晶片，接著按下按鈕，等待 3 秒後再結束任務。結果如願以償，可以看到第 12 行的輸出中展示的霓虹閃爍效果了。

用戶端對霓虹燈閃爍效果非常滿意，達到了預期的效果。可以看到，在指令模式構架的電燈開關控制系統中，我們只是新添加了一個閃爍指令，並沒有更改任何模組便使燈泡做出了不同的行為回應。也就是說，指令模式能使我們在不改變任何現有系統程式碼的情況下，實現指令功能的無限擴展。

21.4　物聯網

透過對電燈開關控制系統的例子可以看到，指令模式對指令的抽象與封裝能讓控制器（指令請求方）與電器裝置（指令執行方）徹底解耦。指令的多型帶來了很大的靈活性，我們可以將任何指令綁定到任何控制器上。例如在物聯網或是智慧家居場景中，發出指令請求的控制器端可能有鍵盤、遙控器，甚至是手機 App 等，而作為指令執行方的電器裝置端可能有燈泡、電視機、收音機、空調等，如圖 21-2 所示。

圖 21-2　各式各樣的控制器裝置與電器裝置

如圖 21-2 所示，各種裝置介面標準繁雜，如 USB、紅外線、藍牙、串列埠、平行埠等。要實現物聯網介面的統一集中管理，我們可以使用指令模式，忽略繁雜的電器裝置介面，實現任意裝置間的端到端控制。例如使用者需要用鍵盤同時控制電視機和電燈，我們首先來定義指令執行方的電視機類別，請參看程式 21-10。

程式 21-10　電視機類別 TV

```
1.  public class TV {
2.
3.      public void on() {
4.          System.out.println(" 電視機開啟 ");
5.      }
6.
7.      public void off() {
```

```
8.        System.out.println(" 電視機關閉 ");
9.      }
10.
11.     public void channelUp() {
12.        System.out.println(" 電視機頻道 +");
13.     }
14.
15.     public void channelDown() {
16.        System.out.println(" 電視機頻道 -");
17.     }
18.
19.     public void volumeUp() {
20.        System.out.println(" 電視機音量 +");
21.     }
22.
23.     public void volumeDown() {
24.        System.out.println(" 電視機音量 -");
25.     }
26.
27. }
```

如程式 21-10 所示，電視機類別比電燈類別的功能複雜得多，除了開關還有頻道
轉換及音量調整等功能。對於指令我們寫得更詳盡一些，為每個功能添加一個指
令類別。為節省篇幅，我們只提供電視開機指令 TVOnCommand、電視關機指令
TVOffCommand 以及電視頻道上調指令 TVChannelUpCommand，請分別參看程式
21-11、程式 21-12 以及程式 21-13。

程式 21-11　電視開機指令類別 TVOnCommand

```
1.  public class TVOnCommand implements Command {
2.
3.      private TV tv;
4.
5.      public TVOnCommand(TV tv) {
6.         this.tv = tv;
7.      }
8.
9.      @Override
10.     public void exe() {
11.        tv.on();
12.     }
13.
14.     @Override
15.     public void unexe() {
16.        tv.off();
17.     }
```

```
18.
19. }
```

程式 21-12　電視關機指令類別 TVOffCommand

```
1.  public class TVOffCommand implements Command {
2.
3.      private TV tv;
4.
5.      public TVOffCommand(TV tv) {
6.          this.tv = tv;
7.      }
8.
9.      @Override
10.     public void exe() {
11.         tv.off();
12.     }
13.
14.     @Override
15.     public void unexe() {
16.         tv.on();
17.     }
18.
19. }
```

程式 21-13　電視頻道上調指令類別 TVChannelUpCommand

```
1.  public class TVChannelUpCommand implements Command {
2.
3.      private TV tv;
4.
5.      public TVChannelUpCommand(TV tv) {
6.          this.tv = tv;
7.      }
8.
9.      @Override
10.     public void exe() {
11.         tv.channelUp();
12.     }
13.
14.     @Override
15.     public void unexe() {
16.         tv.channelDown();
17.     }
18.
19. }
```

如程式 21-11、程式 21-12 以及程式 21-13 所示，電視機對應的一系列指令定義完畢，其他指令大同小異，請讀者自行實現。接下來我們定義作為指令請求方的鍵盤控制器類別 Keyboard，請參看程式 21-14。

程式 21-14　鍵盤控制器類別 Keyboard

```
1.  public class Keyboard {
2.      public enum KeyCode {
3.          F1, F2, ESC, UP, DOWN, LEFT, RIGHT;
4.      }
5.
6.      private Map<KeyCode, List<Command>> keyCommands = new HashMap<>();
7.
8.      // 按鍵與指令映射
9.      public void bindKeyCommand(KeyCode keyCode, List<Command> commands) {
10.         this.keyCommands.put(keyCode, commands);
11.     }
12.
13.     // 觸發按鍵
14.     public void onKeyPressed(KeyCode keyCode) {
15.         System.out.println(keyCode + " 鍵按下……");
16.         List<Command> commands = this.keyCommands.get(keyCode);
17.         if (commands == null) {
18.             System.out.println(" 警告：無效的指令。");
19.             return;
20.         }
21.         commands.stream().forEach(command -> command.exe());
22.     }
23.
24. }
```

如程式 21-14 所示，鍵盤控制器類別 Keyboard 在第 2 行定義的列舉類型 KeyCode 對應鍵盤上的所有鍵，此處我們暫且定義 7 個鍵。第 6 行的 keyCommands 用來儲存「按鍵」與「指令集」的映射 Map，其中前者作為 Map 的鍵，而後者則作為 Map 的值，這裡我們使用 List 來儲存多條指令以使按鍵支援巨集指令。接著第 9 行的 bindKeyCommand() 方法提供了「按鍵與指令映射」的鍵盤指令自訂功能，如此一來使用者就可以將任意指令映射至鍵盤的任意按鍵上了。接著第 14 行提供給外部按鍵事件的觸發方法，它會以傳入的 KeyCode 列舉從按鍵指令映射 keyCommands 中獲取對應的指令集，並依次執行。最後，我們來看用戶端如何組裝執行，請參看程式 21-15。

程式 21-15　用戶端類別 Client

```
1.   public class Client {
2.
3.       public static void main(String[] args) {
4.           Keyboard keyboard = new Keyboard();
5.           TV tv = new TV();
6.           Command tvOnCommand = new TVOnCommand(tv);
7.           Command tvOffCommand = new TVOffCommand(tv);
8.           Command tvChannelUpCommand = new TVChannelUpCommand(tv);
9.
10.          // 按鍵與指令映射
11.          keyboard.bindKeyCommand(
12.                  Keyboard.KeyCode.F1,
13.                  Arrays.asList(tvOnCommand)
14.          );
15.          keyboard.bindKeyCommand(
16.                  Keyboard.KeyCode.LEFT,
17.                  Arrays.asList(tvChannelUpCommand)
18.          );
19.          keyboard.bindKeyCommand(
20.                  Keyboard.KeyCode.ESC,
21.                  Arrays.asList(tvOffCommand)
22.          );
23.
24.          // 觸發按鍵
25.          keyboard.onKeyPressed(Keyboard.KeyCode.F1);
26.          keyboard.onKeyPressed(Keyboard.KeyCode.LEFT);
27.          keyboard.onKeyPressed(Keyboard.KeyCode.UP);
28.          keyboard.onKeyPressed(Keyboard.KeyCode.ESC);
29.
30.          /* 輸出：
31.              F1 鍵按下……
32.                  電視機開啟
33.              LEFT 鍵按下……
34.                  電視機頻道 +
35.              UP 鍵按下……
36.                  警告：無效的指令。
37.              ESC 鍵按下……
38.                  電視機關閉
39.          */
40.      }
41.
42.  }
```

如程式 21-15 所示，我們從第 10 行開始按鍵與指令的映射，將「電視開機」指令映射至功能鍵「F1」上；將「電視頻道上調」指令映射至左鍵「←」上；將「電視關機」指令映射至退出鍵「Esc」上。最後觸發一系列鍵盤按鍵操作，可以看

到第 30 行的輸出中電視機做出了所期待的回應。注意第 36 行的警告是由於上鍵
「↑」沒有映射至任何指令造成的，請讀者自行實現。

除此之外，用戶端還要求對燈泡進行控制，並且實現從開燈到電視開機並調整至
最佳音量的一鍵式巨集指令操作。我們的系統框架已經搭建得非常完善了，讀者
可以自行定義開燈指令，再將其植入按鍵指令映射，請參看程式 21-16。

程式 21-16　用戶端類別 Client

```
1.  public class Client {
2.
3.    public static void main(String[] args) {
4.        Keyboard keyboard = new Keyboard();
5.        TV tv = new TV();
6.        Bulb bulb = new Bulb();
7.        Command tvOnCommand = new TVOnCommand(tv);
8.        Command tvChannelUpCommand = new TVChannelUpCommand(tv);
9.        Command bulbOnCommand = new BulbOnCommand(bulb);
10.
11.       keyboard.bindKeyCommand(
12.             Keyboard.KeyCode.F2,
13.             Arrays.asList(
14.                   bulbOnCommand,// 將開燈指令也加入按鍵指令映射
15.                   tvOnCommand,
16.                   tvChannelUpCommand,
17.                   tvChannelUpCommand,
18.                   tvChannelUpCommand
19.             )
20.       );
21.       keyboard.onKeyPressed(Keyboard.KeyCode.F2);
22.
23.       /* 輸出：
24.          F2 鍵按下……
25.             燈亮。
26.             電視機開啟
27.             電視機頻道 +
28.             電視機頻道 +
29.             電視機頻道 +
30.       */
31.    }
32.
33. }
```

如程式 21-16 所示，用戶端類別 Client 從第 11 行開始將「開燈」、「電視開機」
以及 3 次「電視頻道上調」這一系列的巨集指令映射到鍵盤的功能鍵「F2」上，

接著在第 21 行按下「F2」鍵觸發巨集指令，結果在第 23 行中輸出。這樣使用者
再也不用透過不同的控制器進行多次操作了，一鍵式的快捷操作便可將客廳中的
所有裝置調整至最佳狀態。此外，我們還可以加入操作記錄功能，或者更進階的
反向執行復原、事務回滾等功能，讀者可以自行實踐程式碼。

21.5　萬物相容

至此，指令模式的應用使我們的各種裝置都連接了起來，要給電器裝置（指令執
行方）發送指令時，只需要擴展新的指令並映射至鍵盤（指令請求方或發送方）
的某個按鍵（方法）。指令模式巧妙地利用了指令介面將指令請求方與指令執行
方隔離開來，使發號施令者與任務執行者解耦，甚至意識不到對方介面的存在而
全靠指令的上傳下達。最後我們來看指令模式的類別結構，如圖 21-3 所示。

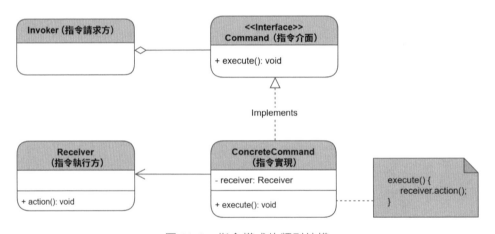

圖 21-3　指令模式的類別結構

指令模式的各角色定義如下。

- Invoker（指令請求方）：指令的請求方或發送方，持有指令介面的引用，並
  控制指令的執行或反向執行操作。對應本章常式中的控制器端，如鍵盤控制
  器類別 Keyboard。

- Command（指令介面）：定義指令執行的介面標準，可包括執行與反向執行
  操作。

- ConcreteCommand（指令實現）：指令介面的實現類別，可以有任意多個，其執行方法中呼叫指令執行方所對應的執行方法。對應本章常式中的各種指令類別，如開燈指令類別 BulbOnCommand、電視機頻道上調指令類別 TVChannelUpCommand 等。

- Receiver（指令執行方）：最終的指令執行方，對應本章常式中的各種電器裝置，如燈泡類別 Bulb、電視機類別 TV。

當然，任何模式都有優缺點。指令模式可能會導致系統中指令類別定義泛濫的問題，讀者應視具體情況而定，不要顧此失彼。指令模式其實與策略模式非常類似，只不過前者較後者多了一層封裝，指令介面的統一確立，使系統可以忽略指令執行方介面的多樣性與複雜性，將介面對接與業務邏輯交給具體的指令去實現，並且實現指令的無限擴展。鬆散的系統架構讓所有模組真正實現端到端的無障礙通訊，使系統相容性獲得極大的提升，萬物互通、有容乃大。

Chapter

22

訪問者

訪問者模式（Visitor）主要解決的是資料與演算法的耦合問題，尤其是在資料結構比較穩定，而演算法多變的情況下。為了不「汙染」資料本身，訪問者模式會將多種演算法獨立歸類，並在存取資料時根據資料類型自動切換到對應的演算法，實現資料的自動回應機制，並且確保演算法的自由擴展。

眾所周知，對資料的封裝，我們常常會用到 POJO 類別，它除 get 和 set 方法之外不應包含任何業務邏輯，也就是說它只封裝了一組資料且不具備任何資料處理能力，最常見的如做 OR-Mapping 時資料庫表所對應的持久化物件（Persistent Object, PO）或轉換後的值物件（Value Object, VO）。因為資料庫是相對穩定的，所以這些 POJO 類別亦是如此。反之，業務邏輯卻是靈活多變的，所以通常我們不會將業務邏輯封裝在這些資料類別裡面，而是交給專門的業務類別（business service）（或者演算法類別）去處理。此時我們可以加入「訪問者」模組，並根據不同類型的資料開展不同的業務，最終達到期望的回應結果。

22.1 多樣化的商品

訪問者模式也許是最複雜的一種設計模式，這讓很多人望而卻步。為了更輕鬆、深刻地理解其核心思想，我們從最簡單的超市購物實例開始，由淺入深、逐層突破。如圖 22-1 所示，超市貨架上擺放著琳琅滿目的商品，有水果、糖果及各種酒水飲料等，這些商品有些按斤賣，有些按袋賣，而有些則按瓶賣，並且優惠方式也各不相同，所以它們應該對應不同的商品計價方法。

圖 22-1　超市商品

如圖 22-1 所示，無論商品的計價方法多麼複雜，我們都不必太操心，因為最終結帳時由收銀員統一集中處理，畢竟在商品類別裡加入多變的計價方法是不合理的設計。首先我們來看如何定義商品對應的 POJO 類別，假設貨架上的商品有糖果類別、酒類別和水果類別，除各自的特徵之外，它們應該擁有一些類似的屬性與方法。為了簡化程式碼，我們將這些通用的資料封裝，抽象到商品父類別中去，請參看程式 22-1。

程式 22-1　商品抽象類別 Product

```
1.   public abstract class Product {
2.
3.       Private String name;// 商品名
4.       Private LocalDate producedDate;// 生產日期
5.       Private float price;// 單品價格
6.
7.       public Product(String name, LocalDate producedDate, float price) {
8.           this.name = name;
9.           this.producedDate = producedDate;
10.          this.price = price;
11.      }
12.
13.      public String getName() {
14.          return name;
15.      }
16.
17.      public void setName(String name) {
```

```
18.        this.name = name;
19.    }
20.
21.    public LocalDate getProducedDate() {
22.        return producedDate;
23.    }
24.
25.    public void setProducedDate(LocalDate producedDate) {
26.        this.producedDate = producedDate;
27.    }
28.
29.    public float getPrice() {
30.        return price;
31.    }
32.
33.    public void setPrice(float price) {
34.        this.price = price;
35.    }
36.
37. }
```

如程式 22-1 所示，商品抽象類別 Product 抽象出的都是最基本的通用商品屬性，如商品名 name、生產日期 producedDate、單品價格 price。接下來對子類別商品的定義就簡單多了，它們依次是糖果類別、酒類別和水果類別，請參看程式 22-2、程式 22-3 以及程式 22-4。

程式 22-2　糖果類別 Candy

```
1.  public class Candy extends Product {
2.
3.      public Candy(String name, LocalDate producedDate, float price) {
4.          super(name, producedDate, price);
5.      }
6.
7.  }
```

程式 22-3　酒類別 Wine

```
1.  public class Wine extends Product {
2.
3.      public Wine(String name, LocalDate producedDate, float price) {
4.          super(name, producedDate, price);
5.      }
6.
7.  }
```

程式 22-4　水果類別 Fruit

```
1.   public class Fruit extends Product {
2.
3.      private float weight;
4.
5.      public Fruit(String name, LocalDate producedDate, float price, float weight) {
6.          super(name, producedDate, price);
7.          this.weight = weight;
8.      }
9.
10.     public float getWeight() {
11.         return weight;
12.     }
13.
14.     public void setWeight(float weight) {
15.         this.weight = weight;
16.     }
17.
18. }
```

如程式 22-2、程式 22-3 以及程式 22-4 所示，糖果類別 Candy 與酒類別 Wine 都是成品，不管是按瓶出售還是按袋出售都可以繼承父類別的單品價格，一個物件代表一件商品。而水果類別 Fruit 則有些特殊，因為它是散裝出售並且按斤計價的，所以單品物件的價格不固定，我們為其增加了一個重量屬性 weight。

22.2　多變的計價方法

商品資料類別定義好後，顧客便可以挑選商品並加入購物車了，最後一定少不了去收銀台結帳的步驟，這時收銀員會對商品上的條碼進行掃描以確定單品價格，如圖 22-2 所示。這就像「訪問」了顧客的商品訊息，並將其顯示在螢幕上，最終將商品價格累加完成計價，所以收銀員角色非常類似於商品的「訪問者」。

圖 22-2　超市收銀台

我們假設超市對每件商品都進行一定的打折優惠，越接近保存期限的商品折扣程度越大，而過期商品則不能出售，但這種計價策略不適用於酒類商品。針對不同商品的優惠計價策略是不一樣的，作為訪問者的收銀員應該針對不同的商品應用不同的計價方法。

基於此，我們來思考一下如何設計訪問者。我們先做出對商品類別的判斷，能否用 instanceof 運算符判斷商品類別呢？不能，否則程式碼裡就會充斥著大量以「if」「else」組織的邏輯，顯然太混亂。有些讀者可能想到了使用多個同名方法的方式，以不同的商品類別作為入參來分別處理。沒錯，這種情況用重載方法再合適不過了。我們開始程式碼實戰，首先定義一個訪問者介面，為日後的訪問者擴展打好基礎，請參看程式 22-5。

程式 22-5　訪問者介面 Visitor

```
1.   public interface Visitor {
2.
3.       public void visit(Candy candy);// 糖果重載方法
4.
5.       public void visit(Wine wine);// 酒類重載方法
6.
7.       public void visit(Fruit fruit);// 水果重載方法
8.
9.   }
```

如程式 22-5 所示，訪問者介面 Visitor 定義了三個同名重載方法 visit()，按照商品類別參數分別處理三類不同的商品。下面來完成訪問者的具體實現類別，假設我們要實現一個日常優惠計價業務類別，針對三類商品分別進行不同的折扣計價，請參看程式 22-6。

程式 22-6　折扣計價訪問者 DiscountVisitor

```
1.   public class DiscountVisitor implements Visitor {
2.
3.       private LocalDate billDate;
4.
5.       public DiscountVisitor(LocalDate billDate) {
6.           this.billDate = billDate;
7.           System.out.println(" 結算日期:" + billDate);
8.       }
9.
10.      @Override
11.      public void visit(Candy candy) {
12.          System.out.println("===== 糖果【" + candy.getName() + "】打折後價格 =====");
13.          float rate = 0;
```

```
14.          long days = billDate.toEpochDay() - candy.getProducedDate().toEpochDay();
15.          if (days > 180) {
16.              System.out.println("超過半年的糖果，請勿食用！");
17.          } else {
18.              rate = 0.9f;
19.          }
20.          float discountPrice = candy.getPrice() * rate;
21.          System.out.println(NumberFormat.getCurrencyInstance().format(discountPrice));
22.      }
23.
24.      @Override
25.      public void visit(Wine wine) {
26.          System.out.println("===== 酒【" + wine.getName() + "】無折扣價格 =====");
27.          System.out.println(
28.              NumberFormat.getCurrencyInstance().format(wine.getPrice())
29.          );
30.      }
31.
32.      @Override
33.      public void visit(Fruit fruit) {
34.          System.out.println("===== 水果【" + fruit.getName() + "】打折後價格 =====");
35.          float rate = 0;
36.          long days = billDate.toEpochDay() - fruit.getProducedDate().toEpochDay();
37.          if (days > 7) {
38.              System.out.println(" $0.00 元 (超過 7 天的水果，請勿食用！)");
39.          } else if (days > 3) {
40.              rate = 0.5f;
41.          } else {
42.              rate = 1;
43.          }
44.          float discountPrice = fruit.getPrice() * fruit.getWeight() * rate;
45.          System.out.println(NumberFormat.getCurrencyInstance().format(discountPrice));
46.      }
47.
48. }
```

如程式 22-6 所示，折扣計價訪問者 DiscountVisitor 實現了訪問者介面 Visitor，在第 11 行的糖果計價方法 visit(Candy candy) 中，我們對超過半年的糖果不予出售，否則按九折計價；因為酒不存在過期限制，所以我們在第 25 行的酒計價方法 visit(Wine wine) 中直接按其原價出售；最後在第 33 行的水果計價方法 visit(Fruit fruit) 中，我們規定水果的有效期為 7 天，如果只經過 3 天則按半價出售，並且在第 44 行按斤計價。

雖然計價方法略顯複雜，但讀者不必過度關注此處的方法實現，我們只需要清楚一點：折扣計價訪問者的三個重載方法分別實現了三類商品的計價方法，展現出訪問方法 visit() 的多型性。一切就緒，顧客可以開始購物了，請參看程式 22-7 用戶端類別。

程式 22-7　用戶端類別 Client

```
1.  public class Client {
2.
3.      public static void main(String[] args) {
4.          // 牛奶糖，生產日期：2019-10-1，原價：$20.00
5.          Candy candy = new Candy(" 牛奶糖 ", LocalDate.of(2019, 10, 1), 20.00f);
6.          Visitor discountVisitor = new DiscountVisitor(LocalDate.of(2020, 1, 1));
7.          discountVisitor.visit(candy);
8.          /* 輸出：
9.              結算日期：2020-01-01
10.             ===== 糖果【牛奶糖】打折後價格 =====
11.              $18.00
12.          */
13.      }
14.
15. }
```

如程式 22-7 所示，顧客買了一包牛奶糖並交給收銀員進行計價結算，最終於第 8 行輸出最終價格。輸出結果顯示糖果價格成功按九折計價，顯然訪問者能夠順利識別傳入的參數是糖果類商品，並成功派發了相應的糖果計價方法 visit (Candy candy)。當然，重載方法責有所歸，其他商品類別也同樣適用於這種自動派發機制。

22.3　泛型購物車

至此，我們已經利用訪問者的重載方法實現了計價方法的自動派發機制，難道這就是訪問者模式嗎？其實並非如此簡單。通常顧客去超市購物不會只購買一件商品，尤其是當超市舉辦更大規模的商品優惠活動時，如圖 22-3 所示，顧客們會將打折的商品一併加入購物車，結帳時一起計價。

如圖 22-3 所示，針對這種特殊時期的計價方法也不難，只需要另外實現一個「優惠活動計價訪問者類別」就可以了。值得深思的是，訪問者的重載方法只能對單個「具體」商品類別進行計價，當顧客推著裝有多件商品的購物車來結帳時，「含糊不清」的「泛型」商品可能會引起重載方法的派發問題。實踐出真知，我們用之前的訪問者來做一個清空購物車的實驗，請參看程式 22-8。

圖 22-3　超市優惠活動

程式 22-8　用戶端類別 Client

```
1.   public class Client {
2.
3.       public static void main(String[] args) {
4.           // 將三件商品加入購物車
5.           List<Product> products = Arrays.asList(
6.               new Candy(" 牛奶糖 ", LocalDate.of(2018, 10, 1), 20.00f),
7.               new Wine(" 老貓白酒 ", LocalDate.of(2017, 1, 1), 1000.00f),
8.               new Fruit(" 草莓 ", LocalDate.of(2018, 12, 26), 10.00f, 2.5f)
9.           );
10.
11.          Visitor discountVisitor = new DiscountVisitor(LocalDate.of(2018, 1, 1));
12.          // 迭代購物車中的商品
13.          for (Product product : products) {
14.              discountVisitor.visit(product);// 此處會發生錯誤
15.          }
16.      }
17.
18.  }
```

如程式 22-8 所示，顧客首先在第 5 行將三件商品加入了用 List<Product> 模擬的
購物車中，其商品類別泛型 <Product> 並沒有宣告確切的商品類別。接著，訪問
者在第 13 行迭代購物車中的每件商品並進行輪流計價，不幸的是，foreach 循環
只能用抽象商品類別 Product 進行承接，可以看到此時在第 14 行引發的編譯錯
誤。重載方法自動派發不能再正常工作了，這是由於編譯器對泛型化的商品類別
Product 茫然無措，分不清到底是糖果還是酒，所以也就無法確定應該呼叫哪個重
載方法了。

既然無法使用購物車將商品「混為一談」（泛型化），那麼需要顧客手動將同類商品分揀在一起，分別用三個購物車（如 List<Candy>、List<Wine> 和 List<Fruit>）去收銀處結算嗎？這太麻煩了，無法實現。因此，如何解決訪問者對泛型化的商品類別的自動識別、分揀是當下最關鍵的問題。

> 很多讀者可能會有這樣的疑問：編譯器為何會禁止此行程式的編譯？難道 JVM 不能在執行時根據物件類型動態地派發給對應的重載方法嗎？試想，如果我們為購物車新加了一個蔬菜類別 Vegetable，但沒有在 Visitor 裡加入其重載方法 visit(Vegetable vegetable)，那麼執行時到底應該派發給哪個重載方法呢？執行時出錯豈不是更糟糕？這就是編譯器會提前出現錯誤訊息，以避免更嚴重問題的原因。

22.4　訪問與接待

超市購物常式在接近尾聲時卻出了編譯問題，我們來重新整理一下思路。目前這種狀況類似於交警（訪問者）對車輛（商品）進行的檢查工作。例如有些司機的駕照可能過期了，有些司機存在持 C 類駕照開大車等情況。由於交警並不清楚每個司機駕照的具體狀況（泛型），因此這時就需要司機主動接受檢查並出示自己的駕照，這樣交警便能針對每種駕照狀況做出相應的處理了。基於這種「主動亮明身份」的理念，我們對系統進行重構，之前定義的商品模組就需要作為「接待者」主動告知「訪問者」自己的身份，所以它們要一定擁有「接待檢查」的能力。我們定義一個接待者介面來統一這個行為標準，請參看程式 22-9。

程式 22-9　接待者介面 Acceptable

```
1.  public interface Acceptable {
2.      // 主動接待訪問者
3.      public void accept(Visitor visitor);
4.
5.  }
```

如程式 22-9 所示，接待者介面 Acceptable 只定義了一個接待方法 accept(Visitor visitor)，其入參 Visitor 宣告凡是以「訪問者」身份造訪的都予以接待。接下來我們重構糖果類別並實現 Acceptable 介面，請參看程式 22-10。

程式 22-10　糖果類別 Candy

```
1.   public class Candy extends Product implements Acceptable{
2.
3.       public Candy(String name, LocalDate producedDate, float price) {
4.           super(name, producedDate, price);
5.       }
6.
7.       @Override
8.       public void accept(Visitor visitor) {
9.           visitor.visit(this);// 把自己交給訪問者
10.      }
11.
12. }
```

如程式 22-10 所示，糖果類別 Candy 實現接待者介面 Acceptable，順理成章地成
為了「接待者」，並在第 9 行主動把自己（this）交給了訪問者以亮明身份。注意
此處的「this」明確了自己的身份屬於糖果類別 Candy 實例，而絕非任何泛型類
別。當然，其他商品類別也以此類推，請讀者自己完成程式碼。我們這樣繞來繞
去到底能否達到目的呢？不要著急，這裡會涉及「雙派發」（double dispatch）的
概念。我們先來實踐一下看看到底能否透過編譯，請參看程式 22-11。

程式 22-11　用戶端類別 Client

```
1.   public class Client {
2.
3.       public static void main(String[] args) {
4.           // 三件商品加入購物車
5.           List<Acceptable> products = Arrays.asList(
6.               new Candy(" 牛奶糖 ", LocalDate.of(2018, 10, 1), 20.00f),
7.               new Wine(" 老貓白酒 ", LocalDate.of(2017, 1, 1), 1000.00f),
8.               new Fruit(" 草莓 ", LocalDate.of(2018, 12, 26), 10.00f, 2.5f)
9.           );
10.
11.          Visitor discountVisitor = new DiscountVisitor(LocalDate.of(2019, 1, 1));
12.          // 迭代購物車中的商品
13.          for (Acceptable product : products) {
14.              product.accept(discountVisitor);
15.          }
16.
17.          /* 輸出：
18.              結算日期：2019-01-01
19.              ===== 糖果【牛奶糖】打折後價格 =====
20.              $18.00
21.              ===== 酒品【老貓白酒】無折扣價格 =====
22.              $1,000.00
```

```
23.              ===== 水果【草莓】打折後價格 =====
24.              $12.50
25.         */
26.    }
27.
28. }
```

如程式 22-11 所示，用戶端程式碼改動並不大，第 5 行的購物車只是將之前的商品類別泛型 <Product> 換成了接待者泛型 <Acceptable>，也就是說，所有商品都能夠作為「接待者」接受檢查了（類似於為每件商品貼上條碼）。同樣，在第 13 行的購物車商品迭代中，我們也以 Acceptable 來承接每件商品，並在第 14 行讓這些商品物件主動地去「接待」訪問者（discountVisitor），這樣一來編譯錯誤就消失了，第 17 行的輸出結果顯示一切正常，糖果物件被成功「派發」到了重載方法 visit(Candy candy) 中。簡單來講，因為重載方法不允許將泛型物件作為入參，所以我們先讓接待者將訪問者「派發」到自己的接待方法中，要訪問先接待，然後再將自己（此時 this 已經是確切的物件類型了）「派發」回給訪問者，告知自己的身份。這時訪問者也明確知道應該呼叫哪個重載方法了，兩次派發成功地化解了重載方法與泛型間的矛盾。

至此，超市再也不必為複雜多變的計價方式或者業務邏輯而發愁了，只需要像填表格一樣為每類商品添加計價方法就可以了。例如超市為迎接中秋節舉辦打折活動，我們便可以添加新的訪問者類別，增加對糖果類別、玩具類別的折扣，接入系統即可生效。

22.5　資料與演算法

訪問者模式成功地將資料資源（需實現接待者介面）與資料演算法（需實現訪問者介面）分離開來。重載方法的使用讓多樣化的演算法自成體系，多型化的訪問者介面保證了系統演算法的可擴展性，而資料則保持相對固定，最終形成一個演算法類別對應一套資料。此外，利用雙派發確保了訪問者對泛型資料元素的識別與演算法匹配，使資料集合的迭代與資料元素的自動分揀成為可能。最後，我們來看訪問者模式的類別結構，如圖 22-4 所示。

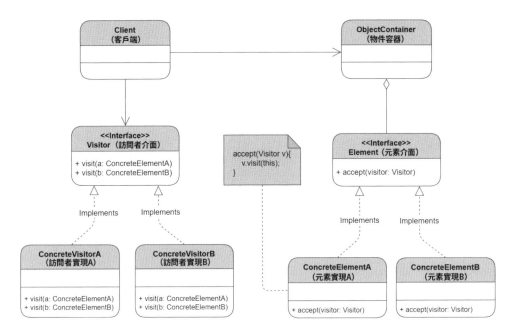

圖 22-4 訪問者模式的類別結構

訪問者模式的各角色定義如下。

- Element（元素介面）：被訪問的資料元素介面，定義一個可以接待訪問者的行為標準，且所有資料封裝類別需實現此介面，通常作為泛型並被包含在物件容器中。對應本章常式中的接待者介面 Acceptable。

- ConcreteElement（元素實現）：具體資料元素實現類別，可以有多個實現，並且相對固定。其 accept 實現方法中呼叫訪問者並將自己「this」傳回。對應本章常式中的糖果類別 Candy、酒類別 Wine 和水果類別 Fruit。

- ObjectContainer（物件容器）：包含所有可被訪問的資料物件的容器，可以提供資料物件的迭代功能，可以是任意類型的資料結構。對應本章常式中定義為 List< Acceptable> 類型的購物車。

- Visitor（訪問者介面）：可以是介面或者抽象類別，定義了一系列訪問操作方法以處理所有資料元素，通常為同名的訪問方法，並以資料元素類別作為入參來確定哪個重載方法被呼叫。

- ConcreteVisitor（訪問者實現）：訪問者介面的實現類別，可以有多個實現，每個訪問者類別都需實現所有資料元素類型的訪問重載方法，對應本章常式中的各種打折方法計價類別，如折扣計價訪問者 DiscountVisitor。

- Client（用戶端類別）：使用容器並初始化其中各類資料元素，並選擇合適的訪問者處理容器中的所有資料物件。

總之，訪問者模式的核心在於對重載方法與雙派發方式的利用，這是實現資料演算法自動回應機制的關鍵所在。而對於其優秀演算法的擴展是建立在穩定的資料基礎之上的，對於資料多變的情況，我們就得對系統大動干戈了，所有的訪問者重載方法都要被修改一遍，所以讀者需要特別注意，對於這種情況並不推薦使用訪問者模式。

Chapter

23

觀察者

察言觀色、思考分析一直是人類認識客觀事物的重要途徑。觀察行為通常是一種為了對目標狀態變化做出及時回應而採取的監控及調查活動。觀察者模式（Observer）可以針對被觀察物件與觀察者物件之間一對多的依賴關係建立起一種行為自動觸發機制，當被觀察物件狀態發生變化時主動對外廣播，以通知所有觀察者做出回應。

觀察者往往眼觀六路，耳聽八方，隨時監控著被觀察物件的一舉一動。作為主動方的觀察者物件必須與被觀察物件建立依賴關係，以獲得其最新動態，例如記者與新聞、攝影師與景物、護士與病人、股民與股市等，以股民盯盤為例，如圖23-1 所示。

圖 23-1　股民盯盤

物件屬性是反映物件狀態的重要特徵。如圖 23-1 所示，為了能在股市中獲利，股民們時刻關注著股市的風吹草動，其正類似於捉摸不定的資料物件狀態。為了實現狀態即時同步的目的，物件間就得建立合適的依賴關係與通告機制，而不是像股民那樣，每個人都必須持續監控股市動態，除此之外不做其他任何事情，所以如何設計物件間的互動方式決定著軟體執行效率的高低。

23.1　觀察者很忙

對於上面提到的股民盯盤的例子，我們發現觀察者（股民）忙得不可開交，但大部分時間都是在做白工。當目標的狀態在沒有發生變化的情況下，觀察者依舊在進行觀察，互動效率非常低，這正類似於利用 HTTP 協定對伺服器物件狀態發起的輪詢操作（Polling），如圖 23-2 所示。

由於 HTTP 無狀態連接協定的特性，伺服器端無法主動推送（Push）訊息給 Web 客戶端，因此我們常常會用到輪詢策略，也就是持續輪番詢問伺服器端狀態有無更新。然而當存取高峰期來臨時，成千上萬的用戶端（觀察者）輪詢會讓伺服器端（被觀察者）不堪重負，最終造成伺服器端癱瘓。

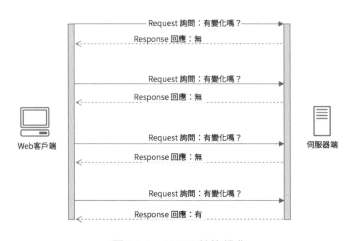

圖 23-2　HTTP 輪詢操作

這種方式的問題是，不但觀察者很忙，而且被觀察者很累，我們用程式碼實例來模擬這種狀況。假設某件商品（如最新款旗艦手機）供不應求，長期處於缺貨的狀態，所以大家都在持續關注商店的進貨狀況，詢問商家是否有貨。首先我們從商店類別開始，請參看程式 23-1。

程式 23-1　商店類別 Shop

```
1.  public class Shop {
2.
3.     private String product;// 商品
4.     // 初始商店無貨
5.     public Shop() {
6.         this.product = " 無商品 ";
7.     }
8.     // 商店出貨
9.     public String getProduct() {
10.        return product;
11.    }
12.    // 商店進貨
13.    public void setProduct(String product) {
14.        this.product = product;
15.    }
16.
17. }
```

如程式 23-1 所示，商店類別 Shop 在第 3 行以一個簡單的 String 變數來模擬商品庫存，並且在第 5 行的構造方法中對其進行初始化，表示開業之初為無貨狀態。接著我們在第 9 行和第 13 行分別定義了出貨方法 getProduct() 和進貨方法 setProduct()。商店類別其實就是一個 POJO 類別，此處主要作為被觀察的目標主題。接下來我們來定義扮演觀察者角色的買家類別，請參看程式 23-2。

程式 23-2　買家類別 Buyer

```
1.  public class Buyer {
2.
3.     private String name;// 買家姓名
4.     private Shop shop;// 商店引用
5.
6.     public Buyer(String name, Shop shop) {
7.         this.name = name;
8.         this.shop = shop;
9.     }
10.
11.    public void buy() {
12.        // 買家購買商品
13.        System.out.print(name + " 購買 :");
14.        System.out.println(shop.getProduct());
15.    }
16.
17. }
```

如程式 23-2 所示，買家類別 Buyer 不但有自己的姓名，還在第 4 行持有商店物件的引用，並在第 6 行的構造方法中對其進行初始化。既然是買家，就一定得有購買行為，我們在第 11 行的購買方法 buy() 中呼叫商店的出貨方法來獲取商品，以此來模擬對商店貨品狀態的觀察。最後我們來定義用戶端類別，模擬買家與商店間的互動，請參看程式 23-3。

程式 23-3　用戶端類別 Client

```
1.  public class Client {
2.
3.      public static void main(String[] args) {
4.          Shop shop = new Shop();
5.          Buyer shaSir = new Buyer("悟淨", shop);
6.          Buyer baJee = new Buyer("八戒", shop);
7.
8.          // 八戒和悟淨輪番搶購
9.          baJee.buy();// 八戒購買：無商品
10.         shaSir.buy();// 悟淨購買：無商品
11.         baJee.buy();// 八戒購買：無商品
12.         shaSir.buy();// 悟淨購買：無商品
13.
14.         // 玄奘也加入了購買行列
15.         Buyer tangSir = new Buyer("玄奘", shop);
16.         tangSir.buy();// 玄奘購買：無商品
17.
18.         // 師徒 3 人繼續搶購
19.         baJee.buy();// 八戒購買：無商品
20.         shaSir.buy();// 悟淨購買：無商品
21.         tangSir.buy();// 玄奘購買：無商品
22.
23.         // 商店終於進貨了，被悟空搶到了
24.         shop.setProduct("最新旗艦手機");
25.         Buyer wuKong = new Buyer("悟空", shop);
26.         wuKong.buy();// 悟空購買：最新旗艦手機
27.
28.         // 此後搶購也許還在繼續……
29.     }
30.
31. }
```

如程式 23-3 所示，買家的瘋狂搶購活動一直在持續進行，然而商店一直處於無貨狀態，前三位買家擠破頭也一無所獲。「皇天不負苦心人」，最後一位買家在第 26 行勝出，原因是此前商店在第 24 行剛好進貨，此時造成的狀態更新恰巧被最後

一位買家觀察到。然而,故事發展到這裡也許並沒有結束,前三位買家或許依舊在繼續他們的搶購行為,買家大量的精力被這種糟糕的軟體設計耗費了。

23.2　反客為主

相信大家也發現了這種以觀察者為主動方的設計缺陷,大量白工被消耗在狀態互動上。我們不如反其道而行,與其讓買家們無休止地詢問,不如在到貨時讓商店主動通知買家前來購買。這種設計正類似於 Websocket 協定的互動方式,與 23.1 節中 HTTP 的輪詢方式恰恰相反,它允許伺服器端主動推送訊息給用戶端,如圖 23-3 所示。

圖 23-3　Websocket 伺服器端推送

這種反客為主的設計只需要一次握手協定並建立連接通道即可完成,之後發生的狀態更新完全可以由伺服器端(被觀察者)向 Web 用戶端(觀察者)進行訊息推送的方式完成,這時就不會在有頻繁輪詢的情況發生了,互動效率問題迎刃而解。基於這種設計理念我們對之前的程式碼進行重構,首先從商店類別 Shop 開始,請參看程式 23-4。

程式 23-4　商店類別 Shop

```
1.   public class Shop {
2.
3.     private String product;
4.     private List<Buyer> buyers;// 預訂清單
```

```
5.
6.     public Shop() {
7.         this.product = " 無商品 ";
8.         this.buyers = new ArrayList<>();
9.     }
10.
11.    // 註冊買家到預訂清單中
12.    public void register(Buyer buyer) {
13.        this.buyers.add(buyer);
14.    }
15.
16.    public String getProduct() {
17.        return product;
18.    }
19.
20.    public void setProduct(String product) {
21.        this.product = product;// 到貨了
22.        notifyBuyers();// 到貨後通知買家
23.    }
24.
25.    // 通知所有註冊買家
26.    public void notifyBuyers() {
27.        buyers.stream().forEach(b -> b.inform(this.getProduct()));
28.    }
29. }
```

如程式 23-4 所示，商店類別 Shop 在第 4 行以 List<Buyer> 類型定義了一個買家預訂清單，裡面記錄著所有預訂商品的買家，並在第 12 行提供商品預訂的註冊方法 register()，所有關注商品的買家都可以呼叫這個方法進行預訂註冊，加入買家預訂清單。在商品到貨後，商店在第 22 行主動通知買家，呼叫通知方法 notifyBuyers()，進一步至第 27 行對所有預訂買家進行迭代，並依次呼叫買家的 inform() 方法將商品傳遞過去即可。此處假設商品不限量，我們就不做過多的細節展開了，請讀者自行增強。可以看到，對於買家必須要擁有方法 inform()，這也是對各類買家的行為規範。基於此，我們對買家類別進行抽象重構，這裡我們用抽象類別來定義買家類別 Buyer，請參看程式 23-5。

程式 23-5　買家類別 Buyer

```
1.  public abstract class Buyer {
2.
3.      protected String name;
4.
5.      public Buyer(String name) {
6.          this.name = name;
```

```
7.    }
8.
9.    public abstract void inform(String product);
10.
11. }
```

如程式 23-5 所示，買家類別 Buyer 非常簡單，其中第 9 行的抽象方法 inform() 只定義了一種規範，具體實現留給子類別去完成，也就是說，買家在接到狀態更新的通知後可根據自己的業務進行回應。接著我們來看看有哪些子類別買家，首先假設有手機買家，請參看程式 23-6。

程式 23-6　手機買家類別 PhoneFans

```
1.   public class PhoneFans extends Buyer {
2.
3.       public PhoneFans(String name) {
4.           super(name);// 呼叫父類別構造
5.       }
6.
7.       @Override
8.       public void inform(String product) {
9.           if(product.contains(" 手機 ")){// 此買家只購買手機
10.              System.out.print(name);
11.              System.out.println(" 購買：" + product);
12.          }
13.      }
14.
15. }
```

如程式 23-6 所示，手機買家 PhoneFans 在第 3 行的構造方法中呼叫父類別構造方法，並初始化了買家姓名。因為手機買家只關注手機，所以在接到了到貨通知時，在第 8 行的 inform() 方法實現中進行了商品的過濾，很明顯這類買家只購買手機。接下來我們完成另一類掃購買家的實現，請參看程式 23-7。

程式 23-7　掃購買家類別 HandChopper

```
1.   public class HandChopper extends Buyer {
2.
3.       public HandChopper(String name) {
4.           super(name);
5.       }
6.
7.       @Override
8.       public void inform() {
```

```
9.         System.out.print(name);
10.        System.out.println(" 購買：" + product);
11.    }
12.
13. }
```

如程式 23-7 所示，掃購買家與手機買家所實現的 **inform()** 方法有所不同，對任何商品他們都來者不拒，只要有貨必然購買。至此，我們對觀察者模式的重構基本完成，買家不再持有商店的引用，而是讓商店來維護買家的引用。最後我們來看用戶端如何組織開展業務，請參看程式 23-8。

程式 23-8　用戶端類別 Client

```
1.  public class Client {
2.
3.      public static void main(String[] args) {
4.          Buyer tangSir = new PhoneFans(" 手機粉 ");
5.          Buyer barJee = new HandChopper(" 剁手族 ");
6.          Shop shop = new Shop();
7.
8.          // 預訂註冊
9.          shop.register(tangSir);
10.         shop.register(barJee);
11.
12.         // 商品到貨
13.         shop.setProduct(" 豬肉燉粉條 ");
14.         shop.setProduct(" 橘子手機 ");
15.
16.         /* 輸出結果
17.             剁手族購買：豬肉燉粉條
18.             果粉購買：橘子手機
19.             剁手族購買：橘子手機
20.         */
21.     }
22.
23. }
```

如程式 23-8 所示，用戶端在第 4 行開始對買家及商店進行實例化，接著從第 9 行開始呼叫商店的註冊方法 register()，並對兩位買家進行了預訂註冊。程式碼到這裡，一對多的狀態回應機制就已經建立起來了。最後我們來驗證買家是否能收到通知，可以看到第 13 行商店到貨並呼叫了方法 setProduct()，輸出結果顯示兩位買家都收到了通知，並購買了自己心儀的商品，此後再也看不到買家們終日徘徊於店門之外苦苦等待的身影了，高效率的通知和回應機制解除了觀察者的煩惱。當然，我們還可以進一步對被商店類別進行抽象實現目標主題的多型化。讀者可以自行實現，但需要注意切勿過度設計，一切應以需求為導向。

23.3　訂閱與發布

現實中的觀察者（Observer）往往是主動方，這是由於目標主題（Subject）缺乏主觀能動性造成的，其狀態的更新並不能主動地通知觀察者，這就造成觀察行為的持續往復。而在軟體設計中我們可以將目標主題作為主動方角色，將觀察者反轉為被動方角色，建立反向驅動式的訊息回應機制，以此來避免做白工，最佳化軟體效率，請參看觀察者模式的類別結構，如圖 23-4 所示。

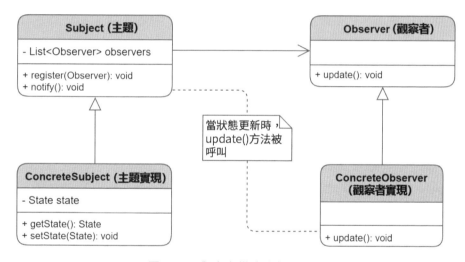

圖 23-4　觀察者模式的類別結構

觀察者模式的各角色定義如下。

- Subject（目標主題）：被觀察的目標主題的介面抽象，維護觀察者物件列表，並定義註冊方法 register()（訂閱）與通知方法 notify()（發布）。對應本章常式中的商店類別 Shop。

- ConcreteSubject（主題實現）：被觀察的目標主題的具體實現類別，持有一個屬性狀態 State，可以有多種實現。對應本章常式中的商店類別 Shop。

- Observer（觀察者）：觀察者的介面抽象，定義回應方法 update()。對應本章常式中的買家類別 Buyer。

- ConcreteObserver（觀察者實現）：觀察者的具體實現類別，可以有任意多個子類別實現。實現了回應方法 update()，收到通知後進行自己獨特的處理。對應本章常式中的手機買家類別 PhoneFans、掃購買家類別 HandChopper。

作為一種發布 / 訂閱（publish/subscribe）式模型，觀察者模式被大量應用於具有一對多關係物件結構的場景，它支援多個觀察者訂閱一個目標主題。一旦目標主題的狀態發生變化，目標物件便主動進行廣播，即刻對所有訂閱者（觀察者）發布全員訊息通知，如圖 23-5 所示。

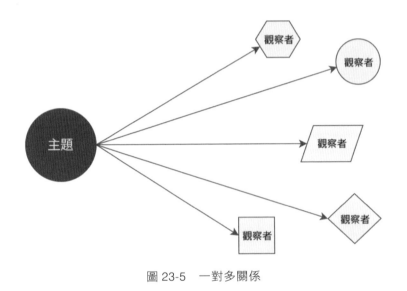

圖 23-5　一對多關係

基於這種一對多的關係網，觀察者模式以多型化（泛型化）的方式弱化了目標主題與觀察者之間強耦合的依賴關係，標準化它們的訊息互動介面，並讓主客關係發生反轉，以「單方驅動全域」模式取代「多方持續輪詢」模式，使目標主題（單方）的任何狀態更新都能被即刻透過廣播的形式通知觀察者們（多方），解決了狀態同步知悉的效率問題。

解譯器

解　釋有拆解、釋義的意思，一般可以理解為針對某段文字，按照其語言的特定語法進行解析，再以另一種表達形式表達出來，以達到人們能夠理解的目的。類似地，解譯器模式（Interpreter）會針對某種語言並基於其語法特徵建立一系列的表達式類別（包括終極表達式與非終極表達式），利用樹結構模式將表達式物件組裝起來，最終將其翻譯成電腦能夠識別並執行的語義樹。例如結構型資料庫對查詢語言 SQL 的解析，瀏覽器對 HTML 語言的解析，以及作業系統 Shell 對指令的解析。不同的語言有著不同的語法和翻譯方式，這都依靠解譯器完成。

以最常見的 Java 程式語言為例。當我們以人類能夠理解的語言完成了一段程式並命名為 Hello.java 後，經過呼叫編譯器會生成 Hello.class 的位元組碼檔案，執行的時候則會載入此檔案到記憶體並進行解釋、執行，最終被解釋的機器碼才是電腦可以理解並執行的指令格式，如圖 24-1 所示。從 Java 語言到機器語言，這個跨越語言鴻溝的翻譯步驟必須由解譯器來完成，這便是其存在的意義。

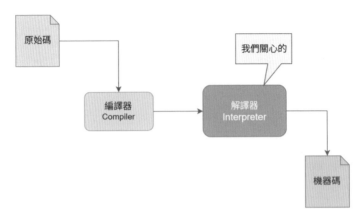

圖 24-1　程式語言解譯器

24.1　語言與表達式

要進行解釋翻譯工作，必須先研究語法。以人類的語言為例，假如我們要進行英文翻譯工作，首先要將句子理解為「非終極表達式」，對它進行分割，直到單詞為止，此時我們可以將單詞理解為「終極表達式」。舉個具體的例子，我們對英語句子「I like you.」（非終極表達式）進行分割，按空格分割為單詞「I」「like」「you」（終極表達式），然後將每個單詞翻譯後，再按順序合併為「我喜歡你」。雖然我們得到了正確的翻譯結果，但這種簡單的規則也存在例外，例如對句子「How are you?」按照這個規則翻譯出來就是「怎麼是你？」，這顯然不對了。

如圖 24-2 所示，機械式的逐字解釋往往會造成很多錯誤與尷尬。所以對於「How are you?」這個表達式就不能再繼續分割了，我們可以將整個句子作為不可分割的終極表達式，這樣就能得到正確的翻譯結果「你好嗎？」。當然，這只是一個簡單的例子而已，真正的語言翻譯絕非易事，但至少我們透過思考與討論搞明白了語言與表達式的關係，以及終極表達式與非終極表達式的區別和它們之間互相包含的結構特徵。

圖 24-2　機械式翻譯

與此類似，程式語言也是由各式各樣的表達式組合起來的樹形結構，也就是說一個表達式又可以包含多個子表達式。例如在我們定義變數時會寫作「int a;」或者「int a = 1;」，這兩者顯然是有區別的，後者不但包括前者的「變數定義」操作，而且還多了一步「變數賦值」操作，所以我們可以認為它是「非終極表達式」；而前者則可被視為原子操作，也就是說它是不可再分割的「終極表達式」。

24.2　語義樹

為了幫助大家理解解譯器模式，我們首先發明一種腳本語言，以此開始我們的實戰環節。眾所周知，網路遊戲玩家經常會花費大量的時間來打怪升級，過程漫長而且傷身，所以我們研發了一款輔助程式——「滑鼠精靈」，利用它直接發送指令給滑鼠，從而驅動滑鼠來實現單擊、移動等操作，實現遊戲人物自動打怪升級，以此解放玩家的雙手。

既然玩家無須親自操作滑鼠，那麼我們就需要一段腳本來告訴「滑鼠精靈」如何進行滑鼠操作，於是我們按照玩家的操作習慣編寫了一段驅動滑鼠的腳本，請參看程式 24-1。

程式 24-1　滑鼠精靈腳本 MouseScript

```
1.   BEGIN                 // 腳本開始
2.   MOVE 500,600;         // 滑鼠指標移動到座標 (500, 600)
3.      BEGIN LOOP 5       // 開始循環 5 次
4.          LEFT_CLICK;    // 循環體內單擊左鍵
5.          DELAY 1;       // 每次延遲 1 秒
6.      END;               // 循環體結束
7.   RIGHT_DOWN;           // 按下右鍵
8.   DELAY 7200;           // 延遲 2 小時
9.   END;                  // 腳本結束
```

如程式 24-1 所示，注意每行的腳本注釋，玩家首先讓滑鼠指標移動到地圖的某個座標點上；然後循環單擊 5 次滑鼠，每次延遲 1 秒，引導遊戲人物到達刷怪地點；最後按下右鍵不放，連續釋放技能，直到掛機 2 小時後結束。這樣腳本就完成了打怪升級的全自動化操作。

基於這個良好的開端，我們可以針對這個腳本進行語法分析了。首先我們要注意第 3 行的循環指令 BEGIN LOOP，它是可以包含任意其他子指令的指令集，所以它是非終極表達式。接下來第 4 行的單擊滑鼠左鍵指令 LEFT_CLICK 也是非終極表達式，因為單擊可以被分割為「按下」與「鬆開」兩個連續的指令動作。除此之外，其他的指令都應該是不可以再分割的指令了，也就是說它們都是終極表達式。按照這個分析結果，我們可以得出表達式的樹形結構，請參看圖 24-3。

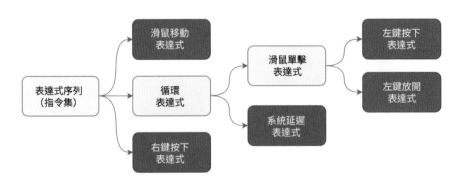

圖 24-3　表達式的樹形結構

如圖 24-3 所示，表達式的樹形結構最左端的起始點「表達式序列」是樹的根節點，它可以包含任何子表達式。接著向右延伸，節點開始分為三個分支步驟，其中第一步的「滑鼠移動表達式」與第三步的「右鍵按下表達式」都是執行滑鼠動作的原子指令，所以它們在這裡位於樹末端的葉節點；而第二步的「循環表達式」則包含一個子表達式序列，所以它位於枝節點上。以此類推，我們可以看到枝節點「滑鼠單擊表達式」和葉節點「系統延遲表達式」，最終以「滑鼠單擊表達式」延伸出的「左鍵按下表達式」與「左鍵放開表達式」收尾。

經過分析，我們可以得出以下結論，圖中淺色的根節點與枝節點都是「非終極表達式」，而深色的葉節點則是「終極表達式」，並且前者不但可以包含後者，還可以包含自己。究其本質，任何腳本都是由表達式組合起來的一棵語義樹，透過這棵「樹」，每個指令間的結構關係一目了然。

有沒有覺得這個語義樹結構似曾相識？沒錯，這就是第 8 章的「組合模式」，我們正是利用了「組合模式」的結構模型構建了語義樹（Syntax Tree）以完成語言翻譯工作。當然，組合模式強調的是資料組合的結構，而本章主要關注的是解釋行為的抽象與多態。

24.3 介面與終極表達式

經過 24.2 節對「滑鼠精靈」腳本中每個表達式的分割，我們就可以對表達式進行建模了。無論是「終極表達式」還是「非終極表達式」，都是表達式，所以我們應該定義一個表達式介面，對所有表達式進行行為抽象，請參看程式 24-2。

程式 24-2　表達式介面 Expression

```
1.   public interface Expression {
2.
3.       public void interpret();
4.
5.   }
```

如程式 24-2 所示，表達式可以將文字解釋成對應的指令，所以表達式介面 Expression（解譯器介面）在第 3 行定義了表達式的解釋方法 interpret()，以提供給所有表達式一個統一的介面標準。注意，此處我們使用了介面，當然讀者也可以使用抽象類別來定義，具體情況還需具體分析。

既然表達式介面標準已經確立，那麼我們就從最基本的原子操作（終極表達式）開始定義實現類別。它們依次是滑鼠移動表達式 Move、滑鼠左鍵按下表達式 LeftKeyDown、滑鼠左鍵鬆開表達式 LeftKeyUp（右鍵對應的表達式與此類似，讀者可自己實現），以及延遲表達式 Delay，請分別參看程式 24-3、程式 24-4、程式 24-5、程式 24-6。

程式 24-3　滑鼠移動表達式 Move

```
1.   public class Move implements Expression {
2.       // 滑鼠指標位置座標
3.       private int x, y;
4.
5.       public Move(int x, int y) {
6.           this.x = x;
7.           this.y = y;
8.       }
9.
10.      public void interpret() {
11.          System.out.println(" 移動滑鼠：【" + x + "," + y + "】");
12.      }
13.
14.  }
```

程式 24-4　滑鼠左鍵按下表達式 LeftKeyDown

```
1.  public class LeftKeyDown implements Expression {
2.
3.      public void interpret() {
4.          System.out.println(" 按下滑鼠：左鍵 ");
5.      }
6.
7.  }
```

程式 24-5　滑鼠左鍵鬆開表達式 LeftKeyUp

```
1.  public class LeftKeyUp implements Expression {
2.
3.      public void interpret() {
4.          System.out.println(" 鬆開滑鼠：左鍵 ");
5.      }
6.
7.  }
```

程式 24-6　延遲表達式 Delay

```
1.  public class Delay implements Expression {
2.
3.      private int seconds;// 延遲秒數
4.
5.      public Delay(int seconds) {
6.          this.seconds = seconds;
7.      }
8.
9.      public int getSeconds() {
10.         return seconds;
11.     }
12.
13.     public void interpret() {
14.         System.out.println(" 系統延遲：" + seconds + " 秒 ");
15.         try {
16.             Thread.sleep(seconds * 1000);
17.         } catch (InterruptedException e) {
18.             e.printStackTrace();
19.         }
20.     }
21.
22. }
```

如程式 24-3、程式 24-4、程式 24-5、程式 24-6 所示，所有終極表達式都實現了解釋方法 interpret()，並進行了自己特有的指令解釋操作（以輸出模擬）。其中比較特殊的是延遲表達式 Delay，它能基於構造器傳入的時間長度使目前行程暫停，以模擬系統操作執行緒的延遲功能。

24.4　非終極表達式

所有終極表達式至此完成，將它們依一定順序組合起來就是非終極表達式了。例如滑鼠左鍵單擊操作一定是由「按下左鍵」及「鬆開左鍵」兩個原子操作組合而成，所以左鍵單擊表達式應該包含滑鼠左鍵按下表達式與滑鼠左鍵鬆開表達式兩個子表達式，請參看程式 24-7。

程式 24-7　左鍵單擊表達式 LeftKeyClick

```
1.   public class LeftKeyClick implements Expression {
2.
3.     private Expression leftKeyDown;
4.     private Expression leftKeyUp;
5.
6.     public LeftKeyClick() {
7.       this.leftKeyDown = new LeftKeyDown();
8.       this.leftKeyUp = new LeftKeyUp();
9.     }
10.
11.    public void interpret() {
12.      // 單擊 = 先按下再鬆開，於是分別呼叫二者的解釋方法即可
13.      leftKeyDown.interpret();
14.      leftKeyUp.interpret();
15.    }
16.
17. }
```

如程式 24-7 所示，因為單擊這種操作不需要對外提供入參構造，所以左鍵單擊表達式 LeftKeyClick 在第 6 行的構造方法中主動實例化了「滑鼠左鍵按下表達式」與「滑鼠左鍵鬆開表達式」兩個子表達式，並在第 11 行的解釋方法 interpret() 中先後呼叫它們的解釋方法，使解釋工作延續到子表達式裡。接下來，循環表達式相對複雜一些，我們需要知道的是循環次數，以及循環體內具體要解釋的子表達式序列，請參看程式 24-8。

程式 24-8　循環表達式 Repetition

```
1.   public class Repetition implements Expression {
2.
3.       private int loopCount;// 循環次數
4.       private Expression loopBodySequence;// 循環體內的子表達式序列
5.
6.       public Repetition(Expression loopBodySequence, int loopCount) {
7.           this.loopBodySequence = loopBodySequence;
8.           this.loopCount = loopCount;
9.       }
10.
11.      public void interpret() {
12.          while (loopCount > 0) {
13.              loopBodySequence.interpret();
14.              loopCount--;
15.          }
16.      }
17.
18.  }
```

如程式 24-8 所示，循環表達式 Repetition 在第 6 行的構造方法中接收入參並初始化了循環次數 loopCount 與循環體子表達式序列 loopBodySequence，接著在第 11 行的解釋方法 interpret() 中對 loopBodySequence 的解釋方法進行了 loopCount 次的循環呼叫。注意，此處並不關心 loopBodySequence 中還包含哪些子表達式，循環表達式負責的是迭代操作。此時讀者可能對這個循環體表達式產生了一些疑惑，它到底是一個什麼樣的表達式類別？讓我們來揭開它的神秘面紗，請參看程式 24-9。

程式 24-9　表達式序列 Sequence

```
1.   public class Sequence implements Expression {
2.
3.       private List<Expression> expressions; // 表達式列表
4.                       .
5.       public Sequence(List<Expression> expressions) {
6.           this.expressions = expressions;
7.       }
8.
9.       public void interpret() {
10.          expressions.forEach(exp -> exp.interpret());
11.      }
12.
13.  }
```

我們知道，在一個循環體內有時會包含一系列的表達式，並且它們一定是有序的，這樣才能確保邏輯正確性。如程式 24-9 所示，表達式序列 Sequence 同樣實現了表達式介面。作為非終極表達式，我們在第 3 行定義了一個表達式列表 List<Expression>，以此保證多個子表達式的順序，並在第 5 行的構造方法中將其傳入，保證其靈活性。最後，我們在第 9 行的解釋方法 interpret() 中，按順序依次對所有子表達式進行了呼叫。至此，所有腳本中用到的表達式都已經定義完畢，我們可以開始組裝和執行表達式了，請參看程式 24-10。

程式 24-10　用戶端類別 Client

```
1.   public class Client {
2.
3.       public static void main(String[] args) {
4.           /*
5.            * BEGIN           // 腳本開始
6.            * MOVE 500,600;   // 滑鼠指標移動到座標 (500, 600)
7.            *    BEGIN LOOP 5  // 開始循環 5 次
8.            *       LEFT_CLICK; // 循環體內單擊左鍵
9.            *       DELAY 1;    // 每次延遲 1 秒
10.           *    END;         // 循環體結束
11.           * RIGHT_DOWN;     // 按下右鍵
12.           * DELAY 7200;     // 延遲 2 小時
13.           * END;            // 腳本結束
14.           */
15.
16.          // 構造指令集語義樹，實際情況會交給語法分析器 (Evaluator or Parser)
17.          Expression sequence = new Sequence(Arrays.asList(
18.              new Move(500, 600),
19.              new Repetition(
20.                  new Sequence(
21.                      Arrays.asList(new LeftKeyClick(), new Delay(1))
22.                  ),
23.                  5 // 循環 5 次
24.              ),
25.              new RightKeyDown(),
26.              new Delay(7200)
27.          ));
28.
29.          sequence.interpret();
30.          /* 輸出
31.              移動滑鼠：【500,600】
32.              按下滑鼠：左鍵
33.              鬆開滑鼠：左鍵
34.              系統延遲：1 秒
35.              按下滑鼠：左鍵
36.              鬆開滑鼠：左鍵
```

```
37.            系統延遲：1 秒
38.            按下滑鼠：左鍵
39.            鬆開滑鼠：左鍵
40.            系統延遲：1 秒
41.            按下滑鼠：左鍵
42.            鬆開滑鼠：左鍵
43.            系統延遲：1 秒
44.            按下滑鼠：左鍵
45.            鬆開滑鼠：左鍵
46.            系統延遲：1 秒
47.            按下滑鼠：右鍵
48.            系統延遲：7200 秒
49.        */
50.    }
51.
52. }
```

如程式 24-10 所示，基於「滑鼠精靈」的腳本，我們在第 17 行初始化了表達式語義樹，接下來只需要呼叫其解釋方法 interpret()，即可完成整個翻譯工作。可以看到由第 30 行起的輸出結果一切正常，腳本順利被轉換成了指令輸出。需要注意的是，語義樹的生成是由用戶端完成的，其實我們完全可以再設計一個語法分析器（evaluator），它非常類似於編譯器（compiler），以實現對各種腳本語言的自動化解析，並完成語義樹的自動化生成。

終於，「滑鼠精靈」有了腳本解釋的能力，並順利驅動滑鼠動作，自動幫我們完成打怪升級，玩家再也不必沒日沒夜地重複這些機械操作了。此外，如果日後需要更強大的功能，我們還可以定義新的表達式解譯器，例如增加鍵盤指令的解譯器，然後加入語義樹便可輕鬆實現擴展。

24.5　語法規則

除了被應用於解釋一些相對簡單的語法規則，我們還可以利用解譯器模式構建一套規則校驗引擎，如將解譯器介面換作 public boolean validate(String target)，並由各個實現類別返回校驗結果，類似於正規表示式的校驗引擎。無論如何演變，解譯器模式其實就是一種組合模式的特殊應用，它巧妙地利用了組合模式的資料結構，基於上下文生成表達式（解譯器）組合起來的語義樹，最終透過逐級遞進解釋完成上下文的解析。解譯器模式的類別結構與組合模式的類別結構如出一轍，請參看解譯器模式的類別結構，如圖 24-4 所示。

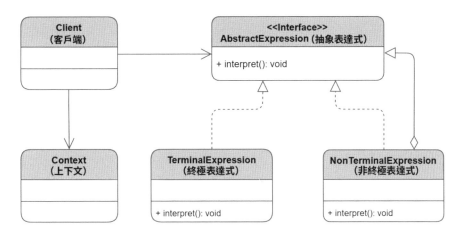

圖 24-4　解譯器模式的類別結構

解譯器模式的各角色定義如下。

- AbstractExpression（抽象表達式）：定義解譯器的標準介面 interpret()，所有終極表達式類別與非終極表達式類別均需實現此介面。對應本章常式中的表達式介面 Expression。

- TerminalExpression（終極表達式）：抽象表達式介面的實現類別，具有原子性、不可分割性的表達式。對應本章常式中的滑鼠移動表達式 Move、滑鼠左鍵按下表達式 LeftKeyDown、滑鼠左鍵鬆開表達式 LeftKeyUp、延遲表達式 Delay。

- NonTerminalExpression（非終極表達式）：抽象表達式介面的實現類別，包含一個或多個表達式介面引用，所以它所包含的子表達式可以是非終極表達式，也可以是終極表達式。對應本章常式中的左鍵單擊表達式 LeftKeyClick、循環表達式 Repetition、表達式序列 Sequence。

- Context（上下文）：需要被解釋的語言類別，它包含符合解譯器語法規則的具體語言。對應本常式中的滑鼠精靈腳本 MouseScript。

- Client（客戶端）：根據語言的語法結構生成對應的表達式語法樹，然後呼叫根表達式的解釋方法得到結果。

語言終究是文字的組合，如句子可以被分割為若干從句（子句），從句進一步又可被分割為若干詞、字，要解釋語言就必須具備一套合理的分割模式。解譯器模式完美地對各種表達式進行分割、抽象、關係化與多型化，定義出一個完備的語法構建框架，最終透過表達式的組裝與遞迴呼叫完成對目標語言的解釋。基於自相似性的樹形結構建構的表達式模型使系統具備良好的程式碼易讀性與可維護性，靈活多型的表達式也使系統的可擴展性得到全面提升。

Chapter

25

終道

在物件導向的軟體設計中，人們經常會遇到一些重複出現的問題。為降低軟體模組的耦合性，提高軟體的靈活性、相容性、可重用性、可維護性與可擴展性，人們從宏觀到微觀對各種軟體系統進行分割、抽象、組裝，確立模組間的互動關係，最終透過歸納、總結，將一些軟體模式沉澱下來成為通用的解決方案，這就是設計模式的由來與發展。

踏著前人的足跡，我們以各種生動的實例切入主題，並基於設計模式進行了大量的程式碼實戰，一步一步直到解決問題，在不知不覺中已經完成了 23 種設計模式的學習。透過回顧與總結，我們會發現這些模式之間多多少少有一些相似之處，或為變體進化，或是升級增強，稍做修改就能應用於不同的場景，但不管如何變化，其實都是圍繞著「設計原則」這個核心展開。正如功夫修煉一般，萬變不離其宗，無論「套路」（設計模式）如何發展、演變，都離不開對「內功」（設計原則）的依賴，要做到「內外兼修」，我們就必須掌握軟體設計的基本原則。

設計模式是以語言特性（物件導向三大特性）為「硬體基礎」，再加上軟體設計原則的「靈魂」而總結出的一系列軟體模式。這些「靈魂」原則一般可被歸納為五種，分別是單一職責原則、開閉原則、里氏替換原則、介面隔離原則和依賴倒置原則，它們通常被合起來簡稱為「S.O.L.I.D」原則，也是最為流行的一套物件導向軟體設計法則。最後我們再附加上得墨忒耳定律，簡稱「LoD」。接下來我們將依次研究這六大原則。

25.1　單一職責

我們知道，一套功能完備的軟體系統可能是非常複雜的。既然要利用好物件導向的思想，那麼對一個大系統的分割、模組化是不可或缺的軟體設計步驟。物件導向以「類別」來劃分模組邊界，再以「方法」來分隔其功能。我們可以將某業務功能劃歸到一個類別中，也可以分割為幾個類別分別實現，但是不管對其負責的業務範圍大小做怎樣的權衡與調整，這個類別的角色職責應該是單一的，或者其方法所完成的功能也應該是單一的。總之，不是自己分內之事絕不該負責，這就是單一職責原則（Single Responsibility Principle）。

舉個簡單的例子，鞋子是用來穿的，其主要意義就是為人的腳部提供保護、保暖的功能；電話的功能是用來通話的，保證人們可以遠端通訊。鞋子與電話完全是兩類東西，它們應該各司其職。然而有人為了省事可能會把這兩個類別合併為一個類別，變成一隻能打電話的鞋子，這就造成了圖 25-1 所示的尷尬場景，打電話時要脫掉鞋子，打完電話再穿回去。這時我們就可以下結論，既能當鞋又能當電話的設計是違反單一職責原則的。

圖 25-1　不倫不類的產品設計

再舉個深入一些的例子。燈泡是用來照明的，我們可以定義一個燈泡類別並包含「功率」等屬性，以及「通電」和「斷電」兩個功能方法。在一對大括號「{}」的包裹下劃分出類別模組的邊界，這便是對燈泡類別的封裝，與外界劃清了界限。雖然說我的領域我做主，但絕不可肆意妄為地對其功能進行增強，比如客戶要求這個燈泡可以閃爍產生霓虹燈效果，我們該怎樣實現呢？直接在燈泡類別裡封裝一堆邏輯電路控制其閃爍，如新加一個 flash() 方法，並不停呼叫通電方法與斷電方法。這顯然是錯誤的，燈泡就是燈泡，它只能亮和滅，閃爍不是燈泡的職責。既然已經分門別類，就不要不倫不類。所以我們需要把閃爍控制電路獨立出來，燈泡與閃爍之間的通訊應該透過介面去實現，從而劃清界限，各司其職，這樣類別封裝才變得有意義。

單一職責原則由羅伯特‧C.馬丁（Robert C. Martin）提出，其中規定對任何類別的修改只能有一個原因。例如之前的例子燈泡類別，它的職責就是照明，那麼對其進行的修改只能有與「照明功能」相關這樣一個原因，否則不予考慮，這樣才能確保類別職責的單一性原則。同時，類別與類別之間雖有著明確的職責劃分，但又一起合作完成任務，它們保持著一種「對立且統一」的辯證關係。以最典型的「責任鏈模式」為例，其環環相扣的每個節點都「各掃門前雪」，這種清晰的職責範圍劃分就是單一職責原則的最佳實踐。符合單一職責原則的設計能使類別具備「高內聚性」，讓單個模組變得「簡單」、「易懂」，如此才能增強程式碼的可讀性與可重用性，並提高系統的易維護性與易測試性。

25.2　開閉原則

開閉原則（Open/Closed Principle），乍一聽來不知所云，其實它是簡化命名，其中「開」指的是對擴展開放，而「閉」則指的是對修改關閉。簡單來講就是不要修改已有的程式碼，而要去編寫新的程式碼。這對於已經上線並執行穩定的軟體專案尤為重要。修改程式碼的代價是巨大的，小小一個修改有可能會造成整個系統癱瘓，因為其可能會波及的地方是不可預知的，這給測試工作也帶來了很大的挑戰。

舉個例子，我們設計了一個整合度很高的電腦主機板，各種元件如 CPU、記憶體、硬碟一應俱全，該有的都已整合了，大而全的設計看似不需要再進行擴展。然而當使用者需要安裝一個攝影機的時候，我們不得不拆開機殼對內部電路進行二次修改，並加裝攝影機。在滿足使用者的各種需求後，主機板會被修改得面目全非，各種導線焊點雜亂無章，如圖 25-2 所示，「大而全」的模組堆疊讓主機板變得臃腫不堪，這就違反了開閉原則。

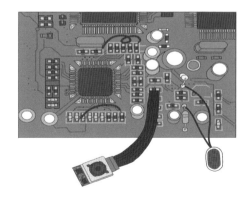

圖 25-2　反覆修改的電路

經過檢討，我們會後悔當初設計主機板的時候為什麼不預留好介面，不然使用者就能自由地擴充周邊設備，想用什麼就接上什麼，如使用者可以購入攝影機、隨身碟等周邊插上主機板的 USB 介面，而主機板則被封裝於機殼中，不再需要做任何更改，這便是對擴展的開放，以及對修改的關閉。

再來看一個繪畫的例子。我們定義一個畫筆類別，並加上一個很簡單的繪畫方法 draw()。這時由於業務擴展，畫家接到了彩圖的訂單，這時我們決定修改這個畫筆類別的繪畫方法 draw()，接受顏色參數並加入判斷邏輯以切換顏色，這讓畫筆類別看起來非常豐滿，功能非常強大，讓畫家覺得很滿意。然而，當後期又需要水彩、水墨、油畫等顏料效果時，我們要不斷地對畫筆類別進行程式碼修改，大量的邏輯程式碼會堆積在這個類別中，混亂不堪。造成這種情況必然是軟體設計的問題。我們對違反開閉原則的畫筆類別重新審視，由於繪畫方法 draw() 是一直在擴展、多變的，因此我們不能將其寫死，而應抽象化繪畫行為介面 draw()。畫筆類別的抽象化或介面化使其不必操心具體的繪畫行為，因為這些都可以交給子類別實現完成，如黑色蠟筆、紅色鉛筆，或是毛筆、油畫筆等。如此一來，高層抽象與底層實現的結構體系便建立起來了，若後期再需要進行擴展，那麼去添加新類別並繼承高層抽象即可，各種畫筆保持各自的繪畫特性，那麼畫出來的筆觸效果就會各有不同。所以說符合開閉原則的設計，一定要透過抽象去實現，高層抽象的泛化保證了底層實現的多型化擴展，而不需要對現有系統做反覆修改。

當系統升級時，如果為了增強系統功能而需要進行大量的程式碼修改，則說明這個系統的設計是失敗的，是違反開閉原則的。反之，對系統的擴展應該只需添加新的軟體模組，系統模式一旦確立就不再修改現有程式碼，這才是符合開閉原則的優雅設計。其實開閉原則在各種設計模式中都有體現，對抽象的大量運用奠定了系統可重用性、可擴展性的基礎，也增加了系統的穩定性。

25.3　里氏替換

里氏替換原則（Liskov Substitution Principle）是由芭芭拉‧利斯科夫（Barbara Liskov）提出的軟體設計規範，里氏一詞便來源於其姓氏 Liskov，而「取代」則指的是父類別與子類別的可取代性。此原則指的是在任何父類別出現的地方子類別也一定可以出現，也就是說一個優秀的軟體設計中有引用父類別的地方，一定也可以取代為其子類別。其實物件導向設計語言的特性「繼承與多型」正是為此而生。我們在設計時一定要充分利用這項特性，寫框架程式碼的時候要針對介面，而不是深入到具體子類別中，這樣才能保證子類別多型取代的可能性。

假設我們定義一個「禽類」，給它加一個飛翔方法 fly()，我們就可以自由地繼承禽類衍生出各種鳥兒，並輕鬆自如地呼叫其飛翔方法。如果某天需要鴕鳥加入禽類的行列，鴕鳥可以繼承禽類，這沒有任何問題，但鴕鳥不會飛，那麼飛翔方法 fly() 就顯得多餘了，而且在所有禽類出現的地方無法用鴕鳥進行取代，這便違反了里氏替換原則。如圖 25-3 所示，不是所有禽類都能飛，也不是所有獸類都只能走。

經過檢討，我們發現最初的設計是有問題的，因為「禽類」與「飛翔」並無必然關係，所以對於禽類不應該定義飛翔方法 fly()。接著，我們對高層抽象進行重構，把禽類的飛翔方法 fly() 抽離出去並單獨定義一個飛翔介面 Flyable，對於有飛翔能力的鳥兒可以繼承禽類並同時實現飛翔介面，而對於鴕鳥則依然繼承禽類，但不用去實現飛翔介面。再比如蝙蝠不是鳥兒但可以飛，那麼它應該繼承自獸類，並實現飛翔介面。這樣一來，是否是鳥兒取決於是否繼承自禽類，而能不能飛要取決於是否實現了飛翔介面。所有禽類出現的地方我們都可以用子類別進行取代，所有飛翔介面出現的地方則可以被取代為其實現，

你是走獸？

你是飛禽？

圖 25-3　不會飛的禽類

如蝙蝠、蜜蜂，甚至是飛機。所以優秀的軟體設計一定要有合理的定義與規劃，這樣才能容許軟體可擴展，使任何子類別實現都能在其高層抽象的定義範圍內自由取代，且不引發任何系統問題。

我們講過的策略模式就是很好的例子。例如我們要使用電腦進行檔案輸入，電腦會依賴抽象 USB 介面去讀取資料，至於具體接入什麼輸入裝置，電腦不必關心，可以是手動鍵盤輸入，也可以是掃描器輸入圖像，只要是相容 USB 介面的裝置就可以對接。這便實現了多種 USB 裝置的里氏替換，讓系統功能模組可以靈活取代，功能無限擴展，這種可取代、可延伸的軟體系統才是有靈魂的設計。

25.4　介面隔離

介面隔離原則（Interface Segregation Principle）指的是對高層介面的獨立、分化，用戶端對類別的依賴基於最小介面，而不依賴不需要的介面。簡單來說，就是切勿將介面定義成全能型的，否則實現類別就必須神通廣大，這樣便喪失了子類別實現的靈活性，降低了系統的向下相容性。反之，定義介面的時候應該儘量分割成較小的粒度，往往一個介面只對應一個職能。

假設現在我們需要定義一個動物類別的高層介面，為了區別於植物，動物一定是能夠移動的，並且是能夠發聲的，我們決定定義一個動物介面並包含「移動」與「發聲」兩個介面方法。於是，動物們都紛紛沿用這個動物介面並實現這兩個方法，例如貓咪跳上跳下並且喵喵地叫；狗來回跑並且汪汪地叫；鳥兒在天上飛並且嘰嘰喳喳地叫。這一切看似合理，但兔子蹦蹦跳跳可是一般不發聲，最後不得不加個啞巴似的空方法實現。如圖 25-4 所示，兔子從外部看來確實長著嘴巴但不能發聲，如此實現毫無意義。

顯然，問題出在高層介面的設計上。「動物」介面定義的行為過於寬泛，它們應該被分割開來，獨立為「可移動的」與「可發聲的」兩個介面。此時兔子便可以只實現可移動介面了，而貓咪則可以同時實現這兩個介面，或者乾脆實現兩個介面合起來的「又可移動又可發聲」的全新子介面，如此細分的介面設計便能讓子類別達到靈活匹配的目的。

圖 25-4　不會發聲的兔子

介面隔離原則要求我們對介面儘可能地細粒度化，分割開的介面總比整合的介面靈活。以我們常用的 Runnable 介面為例，它只要求實現類別完成 run() 方法，而不會把不相干的行為牽扯進來。其實介面隔離原則與單一職責原則如出一轍，只不過前者是對高層行為能力的一種單一職責規範，這非常好理解，分開的容易合起來，但合起來的就不容易分開了。介面隔離原則能夠避免過度且臃腫的介面設計，輕量化的介面不會造成對實現類別的汙染，使系統模組的組裝變得更加靈活。

25.5　依賴倒置

我們知道，物件導向中的依賴是類別與類別之間的一種關係，如 H（高層）類別要呼叫 L（底層）類別的方法，我們就說 H 類別依賴 L 類別。依賴倒置原則（Dependency Inversion Principle）指高層模組不依賴底層模組，也就是說高層模組只依賴上層抽象，而不直接依賴具體的底層實現，從而達到降低耦合的目的。如上面提到的 H 與 L 的依賴關係必然會導致它們的強耦合，也許 L 任何枝微末節的變動都可能影響 H，這是一種非常死板的設計。而依賴倒置的做法則是反其道而行，我們可以建立 L 的上層抽象 A，然後 H 即可透過抽象 A 間接地存取 L，那麼高層 H 不再依賴底層 L，而只依賴上層抽象 A。這樣一來系統會變得更加鬆散，這也印證了我們在「里氏替換原則」中所提到的「針對介面編程」，以達到取代底層實現的目的。

舉個例子，公司總經理制訂了下一年度的目標與計劃，為了提高辦公效率，總經理決定年底要上線一套全新的辦公自動化軟體。那麼作為發起方的總經理該如何實施這個計劃呢？直接發動基層程式設計師並呼叫他們的研發方法嗎？我想世界上沒有以這種方式管理公司的主管吧。公司高層一定會發動 IT 部門的上層抽象去執行，如圖 25-5 所示，呼叫 IT 部門經理的 work 方法並傳入目標即可，至於這個 work 方法的具體實現者也許是架構師甲，也可能是程式設計師乙，總經理也許根本不認識他們，這就達到了公司高層與底層員工實現解耦的目的。這就是將「高層依賴底層」倒置為「底層依賴高層」的好處。

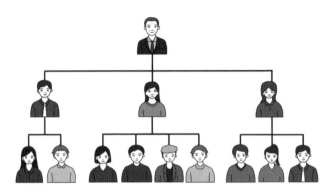

圖 25-5　IT 部門組織架構

我們在做開發的時候，常常會從高層向底層編寫程式碼。例如，編寫業務邏輯層時，我們不必過度關心資料源的類型，如檔案或資料庫，MySQL 或 Oracle，這些問題對處於高層的業務邏輯來說毫無意義。我們要做的只是簡單地呼叫資料存取層介面，而其介面實現可以暫且不寫，若是要單元測試則可以寫一個簡單的模擬實現類別，甚至可以並行開發，交給其他同事去實現。這一切的前提是必須定義良好的上層抽象及介面規範，因為實現底層的時候必須依賴上層的標準，傳統觀念上的依賴方向被反轉，高層業務邏輯與底層資料存取徹底解耦，這便是依賴倒置原則的意義所在。

25.6　得墨忒耳定律

得墨忒耳定律（law of Demeter，也有人稱為迪米特法則）也被稱為「最少知識原則」，主張一個模組對其他模組應該知之甚少，或者說模組之間應該彼此保持陌生，甚至意識不到對方的存在，以此最小化、簡單化模組間的通訊，並達到鬆耦合的目的。反之，模組之間若存在過多的關聯，那麼一個很小的變動則可能會引發蝴蝶效應般的連鎖反應，最終會波及大範圍的系統變動。我們說，缺乏良好封裝性的系統模組是違反得墨忒耳定律的，牽一髮動全身的設計使系統的擴展與維護變得舉步維艱。

舉個例子，我們買了一台遊樂器，主機內部整合了非常複雜的電路及電子元件，這些對外部來說完全是不可見的，就像一個黑盒子。雖然我們看不到黑盒子的內部構造與工作原理，但它向外部開放了控制介面，讓我們可以接上手把對其進行存取，這便構成了一個完美的封裝，如圖 25-6 所示。

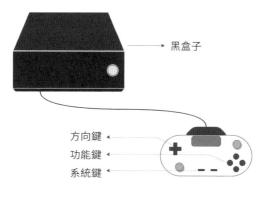

方向鍵

功能鍵

系統鍵

圖 25-6　遊戲控制介面

除了封裝起來的黑盒子主機，手把是另一個封裝好的模組，它們之間的通訊只是透過一根線來傳遞訊號，至於主機內部的各種複雜邏輯，手把一無所知。例如主機內部的磁碟載入、記憶體讀寫、CPU 指令執行等操作，手把並非直接存取這些主機中的元件，它對主機的所有認知限制在介面所能接收的訊號的範圍，這便符合了得墨忒耳定律。

之前我們學過的「門面模式」就是極好的範例。例如，我們到某單位辦理一項業務，來到業務大廳一臉茫然，各種填表、蓋章等複雜的辦理流程讓人一頭霧水，可能需要來回折騰幾個小時。假若有一個提供快速通道服務的「門面」辦理視窗，那麼我們只需簡單地把材料遞交過去就可以了，「辦理人」與「門面」保持最簡單的通訊，對於門面裡面發生的事情，辦理人則知之甚少，更沒有必要去親力親為。

要設計出符合得墨忒耳定律的軟體，切勿跨越紅線，干涉他人內務。系統模組一定要最大程度地隱藏內部邏輯，大門一定要緊鎖，防止陌生人隨意出入，而對外只適可而止地暴露最簡單的介面，讓模組間的通訊趨向「簡單化」、「傻瓜化」。

25.7　設計的最高境界

在物件導向軟體系統中，優秀的設計模式一定不能違反設計原則，恰當的設計模式能使軟體系統的結構變得更加合理，讓軟體模組間的耦合度大大降低，從而提升系統的靈活性與擴展性，使我們可以在保證最小改動或者不做改動的前提下，透過增加模組的方式對系統功能進行增強。相較於簡單的程式碼堆疊，設計模式能讓系統以一種更為優雅的方式解決現實問題，並有能力應對不斷擴展的需求。

隨著業務需求的變動，系統設計並不是一成不變的。在設計原則的指導下，我們可以對設計模式進行適度地改造、組合，這樣才能應對各種複雜的業務場景。然而，設計模式絕不可以被濫用，以免陷入「為了設計而設計」的迷思，導致過度設計。例如一個相對簡單的系統功能也許只需要幾個類別就能夠實現，但設計者生搬硬套各種設計模式，分割出幾十個模組，如圖 25-7 所示，結果適得其反，不切實際的模式堆砌反而會造成系統效能瓶頸，變成一種拖累。

圖 25-7　過度設計

世界上並不存在無所不能的設計，而且任何事物都有其兩面性，任何一種設計模式都有其優缺點，所以對設計模式的運用一定要適可而止，否則會使系統臃腫不堪。滿足目前需求，並在未來可預估業務範圍內的設計才是最合理的設計。當然，在系統不能滿足需求時我們還可以做出適當的重構，這樣的設計才是切合實際的。

雖然不同的設計模式是為了解決不同的問題，但它們之間有很多類似且相通的地方，即便作為「靈魂本質」的設計原則之間也有著千絲萬縷的關聯，它們往往是相輔相成、互相印證的，所以我們不必過分糾結，避免機械式地將它們分門別類、劃清界限。在工作中，我們一定要合理地利用設計模式去解決目前以及可以預見的未來所面臨的問題，並基於設計原則，不斷反覆思考與總結。直到有一天，我們可能會忘記這些設計模式的名字，突破了「招式」和「套路」的牽絆，最終達到一種融會貫通的狀態，各種「組合拳」信手拈來、運用自如。當各種模式在我們的設計中變得「你中有我，我中有你」時，才達到了不拘泥於任何形式的境界。

秒懂設計模式

作　　　者：劉　韜
企劃編輯：莊吳行世
文字編輯：王雅雯
設計裝幀：張寶莉
發 行 人：廖文良

發 行 所：碁峰資訊股份有限公司
地　　　址：台北市南港區三重路 66 號 7 樓之 6
電　　　話：(02)2788-2408
傳　　　真：(02)8192-4433
網　　　站：www.gotop.com.tw
書　　　號：ACL064000
版　　　次：2021 年 12 月初版
建議售價：NT$480

國家圖書館出版品預行編目資料

秒懂設計模式 / 劉韜原著. -- 初版. -- 臺北市：碁峰資訊，
　2021.12
　　面；　公分
　　ISBN 978-626-324-026-1(平裝)
　1.電腦程式設計　2.軟體研發
312.2　　　　　　　　　　　　　　　　　　　110018711

讀者服務

● 感謝您購買碁峰圖書，如果您
對本書的內容或表達上有不清
楚的地方或其他建議，請至碁
峰網站：「聯絡我們」\「圖書問
題」留下您所購買之書籍及問
題。(請註明購買書籍之書號及
書名，以及問題頁數，以便能
儘快為您處理)
http://www.gotop.com.tw

● 售後服務僅限書籍本身內容，
若是軟、硬體問題，請您直接
與軟體廠商聯絡。

● 若於購買書籍後發現有破損、
缺頁、裝訂錯誤之問題，請直
接將書寄回更換，並註明您的
姓名、連絡電話及地址，將有
專人與您連絡補寄商品。